제2판

면세점 & 관광서비스업 취업 / 실무자를 위한

면세점 서비스 실무

한선희 저

감수 : (사)한국면세점협회

ㅂ (주)백산출판사

〈면세점 서비스 실무〉는 면세점에서 영업, 마케팅, 교육, 판촉 등의 다양한 분야에서 20년 근무 경험을 쌓은 현장 전문가가 면세점의 서비스 품질을 높이기 위해 제작한 고객서비스 실무서이다. 함께 수록된 서비스 매뉴얼은 영어, 일어, 중국어 회화의 3개국 언어로 제공되고 있어 현장에서 발생하는 다양한 상황에 효과적으로 응대할 수 있다.

저자는 면세점 및 호텔, 항공사 등 관광서비스업 취업을 희망하는 대학생과 현직자를 대상으로 오랫동안 교육을 진행하면서, 면세점 및 관광 서비스 전문가 육성을 위한 더욱 생생하고 현장감 있는 실무 교재의 필요성을 느끼게 되었다.

면세점은 관광 서비스 산업에 속하는바, 인적 서비스는 고객이 면세점과 브랜드를 선택할 때 고려하는 주요 요인일 뿐만 아니라 고객 만족도에 긍정적인 영향을 미칠 수 있는 핵심 요소이다. 면세점 인력은 외국인 고객을 대상으로 보세판매장 관련 법규를 고려하며 전문적인 업무를 수행해야 한다는 점을 고려하면, 외국어 능력과 서비스 부분 또한 상당한 전문성이 요구되어 단기간에 전문인력을 육성하기 힘들다.

이에 본 저서는 면세점 및 관광업 분야 취업을 희망하는 이들을 위해 이론과 실무의 균형을 적절하게 맞춘 기본서를 목표로 하여, 서비스 접점에 있는 실무자들이 현장에서 서비스 응대 능력을 높일 수 있도록 도움을 주는 참고 도서로 활용될 수 있도록 집필되었다.

본 저서는 크게 "1부: 면세점의 개요," "2부: 고객서비스 실무," "3부: 고객서비스 실습"의 세 부분으로 나뉘어 있으며, 한 학기 기준으로 대학교 교과 과정에도 활용할 수 있도록 총 15장으로 구성하였다.

"1부: 면세점의 개요"는 면세점에 대한 독자의 전반적인 배경적인 지식 습득을 목표로 한다. 국내 면세점 현황, 면세점 종사원이 알아야 할 법규에 대해 살펴보고, 면세산업에 대한 기본적인 이해를 돕고자 하였다.

"2부: 고객서비스 실무"는 고객 응대 시 필요한 서비스 전략에 대한 설명과 더불어, 현장에서 효율적으로 활용할 수 있도록 실무 중심으로 구성하였다. 구체적으로는 세일즈 화법, 고객의 마음을 얻는 커뮤니케이션, 성공률을 높이는 세일즈 스킬, 불만 경청과 문제해결, 면세점 주요 브랜드 상품지식, 면세점 주요 고객인 중국 고객에 대한 이문화 이해 등을 논하여, 고객과 직원들의 접촉이 이루어지는 일대일 상호작용인 서비스 접점에서 고객 만족에 영향을 미칠 뿐만 아니라 궁극적으로 성공적인 서비스로 이어지는 역할을 하는 데 도움을 줄 수 있도록 구성하였다.

해당 챕터에서는 또한 서비스직 종사원의 감정노동관리에 대해 알아보고 감정노동 종사자의 직무스트레스 관리에 관심을 가질 수 있도록, 서비스직 근로자의 건강보호에 대한 사항을 명시하여 고객응대 근로자 보호 관련 규정에 대해 학습할 수 있도록 하였다.

"3부: 고객서비스 실습"은 외국인 고객을 응대할 때 즉각적으로 활용 가능한 서비스 매뉴얼(영어, 중국어, 일본어)이다. 면세점, 명품관, 항공사(기내 면세판매) 등에 취업을 희망하는 독자들에게 현장에서 바로 적용할 수 있는 고객응대 방법과 세일즈 스킬 등을 상세한 사례와 함께 설명하였다. 특별히 〈고객응대 서비스 매뉴얼〉은 고객을 응대할 때 현장에서 필요한 기본 표현을 영어, 중국어, 일본어로 각각 수록한 뒤, 한국어 발음으로 표기하여 초보자도 누구나 쉽게 활용할 수 있도록 하였다.

마지막으로 "부록"은 자주 쓰는 고객응대 기본 표현과 면세점 카테고리별 주요 키워드를 영어, 중국어, 일본어로 표현하고 한국어 발음을 제공하여 현장에서 쉽게 적용할 수 있도록 하였다.

이번 제2판은 면세점뿐만 아니라 관광쇼핑, 호텔, 항공사 등 관광서비스전문가를 꿈꾸는 분들에게 도움이 되길 바라는 마음으로 그동안의 교육 경험을 토대로 구성하였으며, 대학 전공자나 관광서비스 종사자들에게 많이 활용되어 취업 및 역량 강화에 유용한 실무서가 되길 희망한다.

2023년 9월
한선희

차례

I. 면세점의 개요 / 15

II. 고객서비스 실무 / 69

DUTY FREE SHOP

SERVICE PRACTICE

I

면세점의
개요

Chapter

면세점 이해

면세점(보세판매장)이란 외국으로 반출하거나 관세의 면제를 받을 수 있는 자가 사용할 것을 조건으로 해외로 출국하는 내·외국인에게 관세 및 내국세 등 과세가 면제된 상품을 판매하는 장소이다. 외국인 관광객과 출국하는 내국인 관광객에게 해외여행 시 여행용품과 선물 구입 등의 쇼핑 편의를 위해 세금을 면세하여 상품을 판매하는 곳이며 보세판매장으로 분류, 정의된다.

우리나라의 면세점 유형은 해당 법령과 설치 위치에 따라 '시내면세점', '출국장면세점', '입국장면세점', '외교관면세점', '지정면세점'으로 구분된다. 현재 운영 중인 면세점은 59개로 방한 외래관광객이 주로 방문하는 서울, 인천, 제주, 부산 지역에 집중되어 있다(2019년 4월 기준). 면세제도는 관세 및 내국세 등이 사전에 면제된 듀티프리(Duty Free)와 사후에 부가가치세 등을 면제하는 택스프리(Tax-Free)로 구분된다.

🌐 학습목표

- 면세점의 정의를 설명할 수 있다.
- 면세 산업의 역할에 대해 알게 된다.
- 면세 혜택에 대해 자세히 설명할 수 있다.
- 면세점의 종류와 주요 특성에 대해 알게 된다.

목 차

면세점 이해

1.1 면세점(Duty Free Shop)의 정의

면세점(보세판매장)이란 외국으로 반출하거나 관세의 면제를 받을 수 있는 자가 사용할 것을 조건으로 해외로 출국하는 내·외국인에게 관세 및 내국세 등 과세가 면제된 상품을 판매하는 장소이다. 외국인 관광객과 출국하는 내국인 관광객에게 해외여행 시 여행용품과 선물 구입 등의 쇼핑 편의를 위해 세금을 면세하여 상품을 판매하는 곳이며 보세판매장으로 분류, 정의된다.

우리나라는 1979년 외국인 관광객 유치를 통한 외화획득과 관광진흥을 목적으로 처음 설치되었으며 2019년 4월 기준 총 59개소의 보세판매장이 운영중에 있으며 서울, 인천, 제주, 부산 지역에 집중되어 있다. 보세판매장은 해당 법령과 설치 위치에 따라 '시내면세점', '출국장면세점', '입국장면세점', '지정면세점', '외교관면세점' 등 다섯 가지 유형으로 구분하고 있다.

사전면세점(Duty Free Shop)은 관세법령에 의한 특허(特許)제도로 운영되며 법적 명칭은 보세판매장(이하 "면세점")이다. 출국자인 방한 외래관광객이나 내국인 해외여행자가 관세 또는 부가가치세 등의 내국세가 면제된 외국물품을 외국으로 반출하는 것을 조건으로 판매하는 특허보세구역을 말한다.

사후면세점(Tax Refund Shop)은 외래관광객이 사후면세점에서 3만 원 이상 물건을 구입하는 경우 소비세(부가가치세 및 개별소비세)를 돌려받도록 해주는 판매장이다.

 참고: TAX REFUND SHOP(사후면세점)

내·외국인에게 모두 면세 혜택을 주는 사전면세점(공항·시내면세점)은 부가가치세와 개별소비세뿐 아니라 관세도 면제해준다. 사후면세제도는 외래관광객이 사후면세점에서 3만 원 이상(2024년부터는 1만 5천 원 이상) 물건을 구입하는 경우 물품대금에 포함된 소비세(부가가치세 및 개별소비세)를 출국 시 공항 내 환급창구를 통해 돌려받는 형태로 면세혜택을 주는 제도이며 즉시 환급과 사후 환급으로 구분된다.

1.2 면세점의 종류

보세판매장은 해당 법령과 설치 위치에 따라 '시내면세점', '출국장면세점', '입국장면세점', '지정면세점', '외교관면세점' 등 다섯 가지 유형으로 구분하고 있다.

1) 시내면세점

출국장 이외의 장소에서 출국예정 여행객과 통과여객기(선)에 의한 임시 체류인에게 물품을 판매하는 보세판매장이다, 시내에 설치되어 출국 전 보세판매장(면세점)에서 직접 물건을 보며 여유롭게 쇼핑할 수 있는 것이 장점이다.

2) 출국장면세점

출국장에서 출국인 및 통과 여객기(선)에 의한 임시 체류인에게 판매하는 보세판매장(면세점)이다. 공·항만 출국장에 설치되어 출국하는 내·외국인에게 물품을 판매하는 면세점이며, 공항에서 항공기를 기다리며 쇼핑할 수 있고 물품을 바로 수령할 수 있는 이점이 있다.

3) 입국장면세점

2019년 5월 31일 인천국제공항에 국내 최초로 도입되었으며, 외국에서 국내로 입국하는 자에게 물품을 판매할 목적으로 공항, 항만 등의 입국 경로에 설치된 면세점이다. 주류·화장품·향수 등의 상품 위주로 판매하고 있으며 여행객의 물품 휴대 편의성을 제공한다.

4) 지정면세점

'제주특별자치도 여행객에 대한 면세점 특례규정'에 따라 출국이 아닌 국내 다른 지역으로 출도하는 내·외국인이 이용 가능한 면세점이다.

5) 외교관면세점

관세법 제88조 제1항 제1호부터 제4호에 따라 관세의 면제를 받을 수 있는 자에게 판매하는 면세점으로 우리나라에 주재하는 대사관, 영사관, 공사관 직원 및 가족 등에게 외국물품을 판매하는 면세점이다.

1.3 면세산업의 역할

제너레이션 리서치(Generation Research)에서 집계한 우리나라 전체 면세점 매출 규모는 2017년 기준 약 124억 달러로, 전 세계 시장의 17.9%를 차지하며 세계에서 가장 큰 시장을 형성하고 있다. 우리나라 면세점 산업은 2019년 기준 약 1,700만 명 이상의 외국인 관광객이 방한하였으며, 세계 1위 규모인 약 24조 원 이상의 연매출을 기록하고 있다. 면세산업이 이렇게 성장할 수 있었던 것은 면세점들이 기존의 관광객에게 단순히 면세품을 판매하는 것에서 벗어나, K-POP 콘서트와 같은 대중문화 콘텐츠(엔터테인먼트)와 관광(투어)을 결합한 마케팅과 한류스타를 이용한 한류 마케팅을 통해 문화와 쇼핑을 또 다른 하나의 문화로 융합하고자 노력했기 때문이다. 이러한 노력으로 현재의 면세산업은 유통산업의 대표로서 해외에 한류와 국산품을 알리고 외국인 관광객을 유치하는 주요 쇼핑 인프라로 자리매김하였다.

1.4 면세점의 주요 특성

　면세점은 국가 간에 많은 사람들이 잦은 이동을 하는 여행, 다양한 비즈니스 등에 영향을 받으며 관광관련 사업인 호텔 등 숙박업, 여행사, 전시 이벤트업과 협력관계를 요구하는 사업이다. 외국인관광객은 여행사를 통해 쇼핑 장소, 관광지 및 숙박업소를 제공받게 되며 사전조사를 통해 면세점 쇼핑의 효과적인 판매활동을 할 수 있게 한다.

　또한 면세점은 특허사업이다. 타 산업과의 특수성을 지니고 있는 면세점은 면세법상 특허가 가능한 지역이며, 외국인 여행자가 이용할 수 있는 장소로서 시장규모에 따라 그 수를 제한하고 있다. 면세점은 상품의 반입과 반출의 엄격한 통제와 규제를 받는다. 여행자에 의한 그 지역이나 국내 유출을 사전에 방지하기 위해 상품의 반입과 반출에 대한 관세가 엄격하게 관리되고 통제를 받아 행해지고 있다. 특히 보세구역으로 정해져 있는 영업장과 창고는 구입→판매→관리→반입·반출이 정확하게 이루어지고, 엄격하게 통제를 받고 있어 관리면의 합리성과 면세품 판매 경영면의 특별성을 가지고 있다.

1.5 이용방법과 면세 혜택

1) 이용방법

시내면세점에서 구매한 면세품은 해외 출국 시 출국장 내에 지정된 인도장에서 인도받는다. 구매한 면세품의 인수를 위해서는 여권, 탑승권 및 면세품 구입 시 받은 교환권을 제시하고 인도 확인의 서명을 한다. 다만, 출국장 및 입국장 면세점에서 면세품을 구매하는 경우에는 바로 면세품을 인도받을 수 있다.

2) 면세 혜택

일반적으로 소비자가 구입하는 물건에는 부가가치세, 개별소비세 등이 포함된다. 그러나 관광진흥, 외화획득 및 쇼핑편의 제고를 위해 면세점은 '관세', '부가가치세', '개별소비세', '주세', '담배소비세'의 면세혜택을 제공하고 있다.

다만, 이 혜택은 구매한 면세품을 국내로 반입하지 않고 해외로 반출하는 조건으로 부여되는 것으로, 우리나라로 다시 반입하는 경우 구입한 물품에 대해 과세가 발생할 수 있다. 밀반입 시에는 관세법에 의해 처벌될 수 있다. 입국장 면세점의 구매 물품은 해외로 반출되지 않지만 도입 취지(여행객의 물품 휴대 편의성 향상 및 해외소비의 국내 전환)에 따라 예외적으로 면세혜택을 적용한다.

3) 구입 가능 한도 및 면세 한도

해외로 출국하는 내국인은 한도 제한 없이 면세점에서 물품을 구매할 수 있다.(5,000달러로 설정된 국내 면세점 구매 한도가 2022년 3월 18일부터 폐지됨). 단 입국 시에는 출·입국장 등 면세점 구입 물품을 포함하여 해외에서 구입하여 가져오는 물품 총액이 1인당 미화 $800를 초과하는 경우에는 세관에 신고 후 세금을 납부해야 한다.(2023년 8월 기준)

외국이나 면세점(시내, 출국장, 입국장 포함)에서 구매한 총액이 면세 범위인 $800를 초과하여 과세가 될 경우, 입국장면세점에서 국산 제품을 구매하였다면 해당 상품이 면세범위에서 우선 공제된다.

> ex) 가방 $600(시내면세점). 의류 $600(해외), 국산 화장품 $800(입국장면세점)를 구매한 경우 → 입국장면세점에서 구매한 국산 화장품 $800 공제(가방, 의류는 과세)

다만, 주류, 담배 그리고 향수는 미화 $800의 입국 면세 한도와는 별도로 추가 면세 한도가 적용된다. 주류 2L 2병($400 이하), 담배는 1보루(200개비), 향수는 60ml까지 면세 한도 $800 외에 별도로 반입할 수 있다.

외국이나 시내·출국장에서 구입한 술 또는 향수 외에 입국장면세점에서 국산 술 또는 향수를 구매할 경우, 국산 술 또는 향수가 우선 면제된다.

> ex) 양주 1병(해외 구매), 국산 토속주 1병(입국장면세점 구매)을 구매한 경우 →
> 국산 토속주는 면세, 양주는 과세
>
> (자료: 한국면세점협회, 2023)

학습평가

1. **면세점(보세판매장)에 대한 설명으로 맞지 않는 것은?**
    ① 면세점이란 외국으로 반출하거나 관세의 면제를 받을 수 있는 자가 사용할 것을 조건으로 해외로 출국하는 내국인에게만 관세 및 내국세 등 과세가 면제된 상품을 판매하는 장소이다.
    ② 외국인 관광객과 출국하는 내국인 관광객에게 해외여행 시 여행용품과 선물 구입 등의 쇼핑 편의를 위해 세금을 면세하여 상품을 판매하는 곳이며 보세판매장으로 분류, 정의된다.
    ③ 우리나라는 1979년 외국인 관광객 유치를 통한 외화획득과 관광진흥을 목적으로 처음 설치되었다.
    ④ 보세판매장은 해당 법령과 설치 위치에 따라 다섯 가지 유형으로 구분하고 있다.

2. **우리나라의 면세점(보세판매장)의 유형이 아닌 것은?**
    ① 시내면세점   ② 출국장면세점   ③ 입국장면세점
    ④ 지정면세점   ⑤ 외국인면세점

3. **면세점의 주요 특성에 대한 설명으로 맞지 않는 것은?**
    ① 면세점은 국가 간에 많은 사람이 잦은 이동을 하는 여행, 다양한 비즈니스 등에 영향을 받는다.
    ② 면세점은 비특허성사업이다.
    ③ 면세점은 상품의 반입과 반출의 엄격한 통제와 규제를 받는다.
    ④ 보세구역으로 정해져 있는 영업장과 창고는 구입→판매→관리→반입·반출이 정확하게 이루어지고, 엄격하게 통제를 받고 있다.

✎정답 Chapter **01**

01 ①   02 ⑤   03 ②

연구과제

1. 면세점(보세판매장)은 해당 법령과 설치 위치에 따라 '시내면세점', '출국
   장면세점', '입국장면세점', '지정면세점', '외교관면세점' 등 다섯 가지
   유형으로 구분하고 있다.
   시내면세점은 출국장 이외의 장소에서 출국인 및 통과여객기(선)에
   의한 임시 체류인에게 판매하는 보세판매장이다. 시내에 설치되어
   출국하는 내·외국인에게 물품을 판매하며, 출국 전 보세판매장(면세점)
   에서 직접 물건을 보며 여유롭게 쇼핑할 수 있는 것이 장점이다. 서
   울에 있는 시내면세점 현황에 대해 자세히 설명해보시오.

Chapter 02

국내 면세점 현황

DUTY
FREE

개 요

　관광산업 중에서도 특히 면세점은 국가의 경제, 사회, 문화에 미치는 영향이 크다. 외국인 쇼핑관광객의 유치로 관광 발전을 촉진하는 역할을 하고, 면세점 판매 수입을 통한 세입효과가 있으며, 면세판매를 통해 자국 상품의 수출효과도 있다. 또한 한국에서 생산된 국산품의 판매를 통해 한국의 생산 활동을 촉진시키는 역할도 하고 있다.

🌐 학습목표

- 국내 면세점 발전사에 대해 알게 된다.
- 한국 면세점 산업 동향에 대해 알게 된다.
- 국내 면세점 운영 현황에 대해 알 수 있다.

목 차

국내 면세점 현황

CHAPTER
02
DUTY FREE

2.1 한국 면세점 발전사

1) 태동기(1960~1970년대)

1970년대에는 2차 대전 후 미군이나 여행자에게 면세품을 판매/배달하면서 초기 면세점의 모습이 나타난다. 그리고 일본 여행객을 주 대상으로 한 외화획득을 목적으로 시내면세점이 개점하게 된다. 1962년 국제관광공사가 설립되어 1964년 11월에 주한 외국인에게 면세품 판매를 위한 특정 외국물품 판매소인 한남체인을 운영하면서 우리나라 최초 면세점의 형태를 띤 매장이 등장한다. 이후 1967년 김포공항에 2개의 민간인 업체와 함께 공항면세점을 개설하였고, 1979년 7월 외국인 관광객의 쇼핑편의를 위해 시내면세점 제도가 도입되었다. 당해 12월, 시내면세점으로는 최초로 롯데면세점과 동화면세점이 문을 열면서 대한민국 면세산업이 태동하는 계기가 되었다.

2) 성장기(1980년대)

88올림픽 등 국제 스포츠 행사의 개최로 인한 대통령의 외국인 관광객 쇼핑활성화 추진 지시에 따라 시내면세점이 확대 실시되고, 1988년 해외여행 자유화로 인해 출국자와 면세점 이용도 대폭 증가하게 된다. 1985년 내국인의 경우 구매한도를 US$500에서 품목당 US$500 이하의 물품으로 1인당 총구매액을 US$1,000로 확대 조정하게 된다.

3) 변화기(1990년대)

경제적 위기와 일본인 관광객 감소에 따라 연속적으로 면세점이 폐업하였으며, 1990년대 말 외환위기로 관광시장이 위축되며 어려움을 겪게 된다. 1997년 12월 외환위기로 내국인의 구매한도액을 US$2,000에서 US$400으로 대폭 축소한다.

4) 재도약기(2000년대)

2000년대 초반, 외환위기를 극복한 대한민국은 2002년 월드컵 특수와 함께 세계 면세점 시장에서 우위를 차지하기 위해 안정적으로 질적인 성장을 도모한다. 외환위기로 줄었던 구매한도는 다시 늘어나게 되었고, 제주도 지정면세점이 개점된다.

경기회복과 더불어 출국자가 증가하였고, 면세점 매출액 2조 원 돌파 등으로 면세점에 대한 유통업계의 관심이 늘어나며 특허 신청 사례가 급증하게 된다. 2001년 국내면세점의 구매한도액 축소로 해외에서 물품 구입이 증가하여 외환위기 이전 수준인 US$2,000로 다시 환원하였다. 2007년에는 판매물품의 시중 부정유출 예방과 물류비용 절감을 목적으로 자유무역지역에 통합물류창고를 설치하고, 이를 통한 인도절차 관리 강화 등 시내면세점 활성화를 위한 기반을 구축하게 된다.

5) 현재(2010년 이후)

대한민국 면세산업은 정부와 한국면세점협회 그리고 업계 간의 긴밀한 협력을 바탕으로 꾸준히 노력한 결과 2010년 기준, 4조 5천억 원 이상의 매출을 달성하며 영국을 제치고 세계 1위로 도약하였다. 최근 한류 열풍으로 인한 관광산업의 성장과 폭발적으로 증가한 중국인 관광객으로 인해 2015년 기준, 연간 9조 원 이상의 매출을 올리는 성과를 이루었다.

2.2 면세점 산업 동향

면세산업은 무역업이자 관광산업의 일부이며, 이용자 측면에서 보면 관련 산업인 호텔, 여행사, 컨벤션 등 관광관련 사업체들과의 긴밀한 협력관계를 맺으며 다양하게 국민경제 발전에 기여하는 효과를 발생시키고 있다. 관광산업 중에서도 특히 면세점은 국가의 경제, 사회, 문화에 미치는 영향도 크다. 외국인 쇼핑관광객의 유치로 관광 발전을 촉진하는 역할을 하고, 면세점 판매 수입을 통한 세입효과가 있으며, 면세판매를 통해 자국 상품의 수출효과도 있다. 또한 한국에서 생산된 국산품의 판매를 통해 한국의 생산 활동을 촉진시키는 역할도 하고 있다.

2018년 글로벌 면세시장의 총매출액은 790억 달러로 2017년 693억 달러에 비해 12.9% 성장했다. 〈표 2-1〉을 보면 국가별로는 우리나라가 22.3%의 시장점유율로 타 국가에 비해 현저한 차이로 1위를 차지하고 있고, 중국(9.4%), 미국(5.7%), 영국(4.5%)의 순으로 나타난다(Generation Research, 2018).

〈표 2-1〉 전 세계 면세점시장 국가별 점유율 순위

순위	국가	시장점유율(%)	순위	국가	시장점유율(%)
1위	한국	22.3	5위	UAE	3.7
2위	중국	9.4	6위	독일	3.6
3위	미국	5.7	7위	홍콩	3.5
4위	영국	4.5	8위	태국	2.9

자료: 2018 Generation Research

2.3 국내 면세점 현황

1) 국내 면세점 운영 현황

2023년 7월 기준 약 45개소의 국내 면세점이 운영 중에 있으며 해당 법령과 설치 위치에 따라 '시내면세점', '출국장면세점', '입국장면세점', '지정면세점', '외교관면세점' 등 다섯 가지 유형으로 구분하고 있다.

〈표 2-2〉 면세점 운영 현황(입국장면세점 제외)

(단위: 개)

구분	시내면세점	출국장면세점	지정면세점	외교관면세점
서울	8	2		1
인천		10		
제주	2	1	5	
부산	3	3		
기타	4	6		
합계	17	22	5	1

참고: 2023년 7월 한국면세점협회

2) 국내 면세점 세부 운영

우리나라는 2023년 8월 기준 서울 및 경기지역에 총 9개의 시내면세점이 운영 중에 있으며 방한외래관광객이 주로 방문하는 서울에 집중되어 있다.

〈표 2-3〉 서울 및 경기지역 시내면세점 운영 현황(2023년 8월 기준)

지역	면세점	구분	위치
서울 (8)	롯데 면세점	명동본점	중구 을지로
		월드타워점	송파구 올림픽로
	신라 면세점	서울점	중구 동호로
	신세계 면세점	명동점	중구 퇴계로
	동화 면세점	본점	종로구 세종로
	HDC신라 면세점	본점(용산점)	용산구 한강대로
	현대백화점 면세점	동대문점	중구 장충단로
		무역센터점	강남구 테헤란로
수원(1)	앙코르 면세점	수원 본점	경기 수원시

3) 면세점 쇼핑

방한 외국인 관광객이 급증하고 있는 가운데, 면세점 쇼핑은 중국인들이 한국 관광의 주요 목적으로 꼽을 정도로 매력도가 높으며, 중국인 관광객이 가장 많이 찾을 것으로 예상하는 관광지로 한국을 1위로 뽑는 이유도 면세점 쇼핑 때문으로 알려져 있다. 외래관광객 실태조사에서 한국 선택 시 고려 요인(중복응답 기준) 순을 살펴보면, 쇼핑(72.3%), 자연 풍경(49.5%), 음식/미식 탐방(41.1%), 역사 문화유적(25.2%), 패션, 유행 등 세련된 문화(19.8%) 등으로 쇼핑활동을 가장 많이 하는 것으로 나타났다. 주요 쇼핑장소(중복응답 기준)는 시내면세점(60.7%)이 가장 많았으며, 그

뒤로 명동(42.8%), 공항면세점(30.1%) 등의 순으로 나타났다. 우리나라를 방문하는 외국인 관광객들은 시내면세점과 공항면세점을 주로 찾으며, 특히 신뢰성과 브랜드 이미지가 형성된 시내면세점을 선호한다.

〈표 2-4〉 국내 면세점 총매출액 변화 추이

(단위: 억 원)

연도	2015	2016	2017	2018	2019	2020	2021
매출액	91,984	122,757	144,684	189,602	248,586	155,051	178,333
증감율(%)	10.7	33.4	17.9	31.0	31.1	-37.6	15.0

자료: 관세청, 연합뉴스

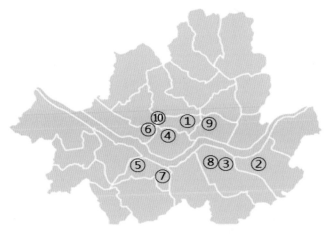

① 롯데면세점 명동본점   ② 롯데면세점 월드타워점
③ 롯데면세점 코엑스점(2021년 철수) ④ 신라면세점 서울점
⑤ HDC신라면세점 본점(용산점)   ⑥ 신세계면세점 명동점
⑦ 신세계면세점 강남점(2021년 철수) ⑧ 현대백화점면세점 무역센터점
⑨ 현대백화점면세점 동대문점   ⑩ 동화면세점 본점

〈사진 2-1〉 서울 시내면세점 현황(2023년 8월 기준)

학습평가

1. 면세점 산업 동향에 대한 설명으로 맞지 않는 것은?

① 2002년 한국 면세점은 월드컵 특수와 함께 세계 면세점 시장에서 우위를 차지하기 위해 안정적으로 질적인 성장을 도모하였다. 구매 한도는 다시 늘어나게 되었고, 부산에 지정 면세점이 개점되었다.

② 방한 외국인 관광객이 급증하고 있는 가운데, 면세점 쇼핑은 중국 인들이 한국 관광의 주요 목적으로 꼽을 정도로 매력도가 높다.

③ 전 세계 면세점시장 국가별 점유율 순위는 미국이 1위를 차지하고 있고, 우리나라는 2위이다.(2019년 기준)

④ 최근 한류열풍으로 인한 관광산업의 성장과 폭발적으로 증가한 중국인 관광객으로 인해 2015년 기준, 연간 9조 원 이상의 매출을 올리는 성과를 이루었다.

2. 서울에 위치한 시내면세점(보세판매장)이 아닌 것은?

① 롯데 면세점 　　　　② 신라 면세점

③ 신세계 면세점 　　　　④ 엔타스 면세점

✎정답 Chapter **02**

01 ③　　02 ④

연구과제

1. 현재 국내면세점 현황에 대해 자세히 기술해 보시오.

① 서울, 경기, 부산, 제주 등 시내면세점 현황

② 인천, 김포, 제주 등 공항면세점 현황

③ 입국장면세점 현황

Chapter

면세점의 법규 이해

해외로 출국하는 내국인은 한도 제한 없이 면세점에서 물품을 구매할 수 있다.(5,000달러로 설정된 국내 면세점 구매 한도가 2022년 3월 18일부터 폐지됨). 단, 입국 시에는 출·입국장 등 면세점 구입 물품을 포함하여 해외에서 구입하여 가져오는 물품 총액이 1인당 미화 $800(면세에서 구입 한 모든 물품 및 해외에서 취득한 물품가격의 총금액)이다. 한도 금액을 초과하는 경우에는 세관에 신고 후 세금을 납부해야 한다.

다만, 주류 2L($400 이하 2병), 담배는 1보루(200개비), 향수는 60ml까지 면세 한도 $800 외에 별도로 반입할 수 있다.

🌐 학습목표

- 면세점 직원이 알아야 할 통관절차에 대해 알 수 있다.
- 면세점 직원이 알아야 할 세관신고에 대해 알 수 있다.
- 가산세의 부과에 대해 알게 된다.
- 해외여행 시 면세점 이용방법에 대해 설명할 수 있다.
- 제주도 여행 시 면세점 이용방법에 대해 설명할 수 있다.
- 기내 휴대반입 제한물품에 대해 설명할 수 있다.

목 차

면세점의 법규 이해

3.1 면세점 직원이 알아야 할 통관절차

해외여행을 마치고 입국할 때에는 법무부의 입국심사 후 관세청의 통관절차를 거치게 된다. 통관절차는 세관신고서를 작성, 제출하고 휴대품의 검사로 이루어진다.

1) 세관의 휴대품 검사

법무부의 입국심사절차를 마치면 수하물을 찾고 면세통로 또는 세관검사 통로로 나온다. 세관의 휴대품검사는 X-ray 검색기와 문형금속탐지를 이용한 간접검사를 받고 필요한 경우 가방을 열어 검사를 받을 수 있다.

2) 간이세율

간이세율은 세액 산출의 번거로움을 피하기 위해 여행객이 휴대하여 수입하는 물품의 세율을 단일하게 합산하여 산정한 세율을 말한다. 신속 간편한 과세를 위하여 여행자의 휴대품, 우편물 등에 관세, 부가가치세, 특별소비세 등의 세금을 통합하여 하나의 세율을 적용하는 것이다. 과세대상 물품 합계가 미화 $1,000까지는 가장 낮은 간이세율인 20%를 적용하지만, 모피제품과 녹용 등은 해당 물품에 따라 간이세율을 적용한다. (예: 모피제품(30%), 녹용(32%), 방직용 섬유와 방직용 섬유의 제품·신발류(25%))

물품을 통관하지 않고 세관에서 보관하는 경우는

- 여행자 휴대품은 세금납부 후 물품을 찾아가는 것이 원칙이며, 미납물품은 반출할 수 없으므로 유치한다. 또한 세관장 확인대상 물품은 통관에 필요한 허가나 승인 등의 요건을 구비해야 통관이 가능하므로, 입국 시이를 구비하지 못한 때에는 유치(세관에서 보관)한다.
- 유치된 물품은 반송 절차를 통해 출국 시 다시 외국으로 가져 갈 수 있다. 다만, 지식재산권 침해 물품은 반송이 제한된다.

3) 면세품 구매한도 및 반입한도

면세점에서 구입한 모든 면세물품(대한민국 생산물품 포함)을 다시 대한민국으로 가지고 들어올 경우, 외국에서 구입한 물품을 포함한 총합산 가격이 $800를 초과하게 되면 반드시 세관에 신고를 해야 한다.

구분	내국인	외국인
출국 시 면세품 구입 한도금액	한도 제한없이 구매가능	제한 없음
입국 시 여행자 1인당 면세금액	$800 (면세에서 구입한 모든 물품 및 해외에서 취득한 물품 가격의 총금액)	$800 (면세에서 구입한 모든 물품 및 해외에서 취득한 물품 가격의 총금액)

4) 가산세의 부과

모든 입국 여행자 및 승무원이 자진신고 해야 할 물품을 신고하지 않은 경우, 해당 물품에 대해 납부해야 할 세액(관세 및 내국세를 포함)의 40% (2023년 5월 기준)에 해당하는 금액이 가산세로 징수된다.

Q) 자진신고 시 납부세액과 미신고 적발 시 가산세의 차이를 알아볼까요?

예) 해외에서 $1,000의 선물을 구입해서 들어올 경우

- 기본 산출세액은
  ($1,000-$600)×20%(간이세율)×KRW1,100(환율)=KRW88,000

- 자진신고를 하면,
  공제액은 KRW88,00×30%=KRW26,400(공제액)이므로
  공제 후 세부담은 KRW88,000-KRW26,400=KRW61,600이 된다.

- 미신고 후 적발이 된다면,
  가산세는 KRW88,000×40%(가산세율)=KRW35,200이므로
  가산세 포함 세부담은 KRW88,000+KRW35,200=KRW123,200을
  내야 한다.   (출처: 한국면세점협회)

5) 휴대품신고서 작성 요령

- 가족과 함께 입국하는 경우에는 모든 가족을 대표하여 1장만 작성
  하면 된다.
- 기내에서 배부받은 세관휴대품 신고서에 세관신고 대상물품 및 인
  적사항(여행자의 이름, 생년월일 등)을 기재하면 된다.
- 허위 신고나 불성실 신고한 경우 납부할 세액의 40%(2023년 5월 기준)
  에 상당하는 금액의 가산세가 부과되며, 경우에 따라서는 관세법에
  따라 처벌된다.

6) 여행자 휴대품 관세 납부

관세 납부 시기는 사전 납부 또는 사후 납부가 있다. 다만, 사후 납부는 일정한 조건을 충족한 경우에 가능하며 관세 납부는 현금, 신용카드 등 여러 가지 방법으로 가능하다.

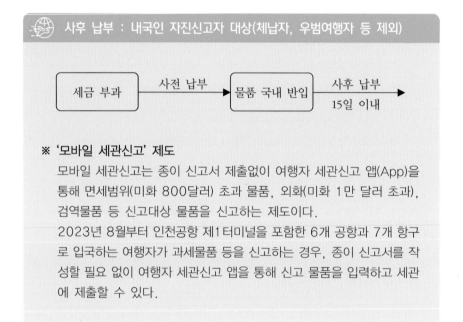

사후 납부 : 내국인 자진신고자 대상(체납자, 우범여행자 등 제외)

세금 부과 → 사전 납부 → 물품 국내 반입 → 사후 납부 15일 이내

※ '모바일 세관신고' 제도

모바일 세관신고는 종이 신고서 제출없이 여행자 세관신고 앱(App)을 통해 면세범위(미화 800달러) 초과 물품, 외화(미화 1만 달러 초과), 검역물품 등 신고대상 물품을 신고하는 제도이다.

2023년 8월부터 인천공항 제1터미널을 포함한 6개 공항과 7개 항구로 입국하는 여행자가 과세물품 등을 신고하는 경우, 종이 신고서를 작성할 필요 없이 여행자 세관신고 앱을 통해 신고 물품을 입력하고 세관에 제출할 수 있다.

7) 물품을 통관하지 않고 세관에서 보관하는 경우

여행자 휴대품은 세금납부 후 물품을 찾아가는 것이 원칙이며, 미납 물품은 반출할 수 없으므로 유치한다. 또한 세관장 확인 대상 물품은 통관에 필요한 허가나 승인 등의 요건을 구비해야 통관이 가능하므로, 입국 시 이를 구비하지 못한 때에는 유치(세관에서 보관)한다. 유치된 물품은 반송 절차를 통해 출국 시 다시 외국으로 가져갈 수 있다. 다만, 지식재산권 침해 물품은 반송이 제한된다.

3.2 면세점 직원이 알아야 할 세관신고

신속한 통관절차를 위해 세관신고서를 성실하게 작성한다. 면세한도를 초과하는 휴대품에 대해 자진신고를 한 국내인 여행자는 현품확인(세관검사) 생략, 신고금액 인정, 세금사후납부 가능 및 가산세 부과 예외 등의 편의가 제공된다.

1) 현품 확인

국내로 들어오는 물품 중 위험물, 생물 또는 동물 등 주의를 기울일 필요가 있다는 세관직원의 판단하에 해당 품목에 대한 세관검사가 시행된다.

검사품목에 해당될 경우 공항 또는 항구에서 따로 분류가 되어 검사가 완료되어야만 국내로 반입이 가능하다.

2) 세금 사후 납부 인정

세금사후납부제도란 여행자가 면세범위를 초과하는 물품을 반입하여 이를 자진신고한 경우 물건을 먼저 통관해 가져갈 수 있게 해주고 세금은 15일 이내에 주거지 은행에서 납부할 수 있게 해주는 제도이다.

3) 자진신고

다음에 해당하는 물품을 소지한 여행자와 승무원은 세관에 자진신고해야 한다.
- 해외에서 취득한 물품(선물 등 무상물품 및 국내면세점에서 취득 후 재반입하는 물품 포함)으로서 전체 취득가격 합계액이 미화 800달러를 초과하는 물품

4) 세금경감

여행자가 자진 신고하는 경우에는 15만 원 한도에서 해당 물품에 부과될 관세의 30%가 감면되는 혜택을 받을 수 있다.

3.3 면세점 이용방법

1) 면세품 인도 방법

입국 시 면세품의 구입은 내외국인 구매 한도 제한이 없으나 입국 시 여행자 1인당 면세금액은 $800(면세에서 구입한 모든 물품 및 해외에서 취득한 물품 가격의 총금액)이다. 시내면세점에서 구매한 면세품은 해외 출국 시 출국장 내에 지정된 인도장에서 인도받는다. 구매한 면세품의 인도를 위해서는 여권, 탑승권 및 면세품 구입 시 받은 교환권을 제시하고 인도 확인의 서명을 한다. 다만, 출국장면세점(공항면세점)에서 면세품을 구매하는 경우에는 바로 면세품을 인도받을 수 있다. 온라인 면세점과 입국장 면세점은 별도로 운영되고 있어, 온라인 면세점에서 구매한 상품은 출국 시에만 인도가 가능하다.

2) 기내 휴대반입 제한물품

여행자 휴대품 면세는 1인당 US $800의 기본 면세범위와, 이와는 별도로 면세되는 품목이 있으며 각각 일정한 제한이 있다. 미성년자가 반입하는 주류 및 담배는 과세 통관만 가능하며, 농림축수산물 및 한약재는 검역이 합격된 경우 1인당 면세 범위(US $800) 이내에서 총량(40Kg), 전체 해외취득가격(10만 원) 이내에 한하여 면세된다.

〈표 3-1〉 여행자 휴대품 면세 범위(2023년 8월 1일 기준)

구분	면세물품	면세 범위	비 고
기본 면세	해외 취득 물품 합계액 (국내 면세점 구매물품 포함)	$800	- 자가 사용, 선물용 등에 한함 - 상용물품, 수리용품 등 회사용품 적용 배제($800 공제 불가)
	농림 축산물 및 한약재		전체 취득 가격 10만 원 이내, 품목별 및 전체 중량 제한 별도 있음
별도 면세	술	2병	합계 2리터 이하 & $400 이하
	담배(궐련인 경우)	200개비	가격제한 없음(단, 한 종류만)
	향수	60ml	용량 제한만 있음(수량 무관)

자료: 관세청

3) 면세점에서 구입한 액체류 및 젤류 물품에 대한 기내 반입 조건

① 직항으로 출국하는 경우

전 면세점 공동 제작된 투명 봉인봉투(STEB, Security Tamper Evidence Bag)에 넣어야 한다. 용량, 수량에 관계없이 반입 가능하며, 면세품 구입 당시 교부 받은 영수증이 투명 봉인봉투에 동봉 또는 부착된 경우에 반입이 가능하다. 투명 봉인봉투는 최종 목적지에 도착한 후 개봉해야 하며, 그 전에 개봉된 흔적이 있거나 훼손되었을 경우 반입이 불가하다.

② 다른 나라를 경유하여 출국하는 경우

수하물 처리가 원칙이며, 미사용한 새 제품은 수하물이 아닐 경우 반입이 불가하다. 개인이 소지한 물품은 개인물품 기내 반입 조건을 충족해야 반입 가능하며, 항공사 사정에 따라 달라질 수 있으며 예외인 경우도 있다. 추후 국내 귀국 시에는 해당 상품(액체류, 젤류)을 모두 수하물 처리하고 탑승한다.

액체류 반입 기준(개인휴대용품)

- 용기 1개당 100ml 이하
  - 100ml를 초과하는 용기에 일부 분량 소지(×)
  - 100ml를 초과하는 빈 용기 반입(○)
- 1인당 1리터 이하 지퍼락 비닐봉투 1개
  - 승객 1명당 1개만 휴대

 개인물품에 대한 기내 반입 조건 관련 내용

- 내용물 용량 한도: 용기 1개당 100ml 이하, 총량 1L 이내
- 1리터(L) 규격의 투명 지퍼락(Zipper lock) 비닐봉투 안에 용기 보관
- 투명 지퍼락 봉투(크기: 약 20×20cm)에 담겨 지퍼가 잠겨있어야 함
- 투명 지퍼락 봉투가 완전히 잠겨있지 않으면 반입불가 조치
- 승객 1인당 1L 이하의 투명 지퍼락 봉투는 1개만 허용
- 고객이 직접 구비 또는 공항 내 편의점, 매점에서 구매
- 유아를 동반한 경우, 유아용 음식과 액체 및 젤 형태의 약품 등은 검색
  요원에게 미리 휴대사실을 신고하면 용량에 관계 없이 반입이 가능
- 보안검색대에서 X-ray 검색을 실시

4) 출국 시 기내 휴대반입 제한 물품(기타)

- 무기로 사용될 수 있는 도검류(칼 등), 공구류, 스포츠 용품 및 폭발성, 인화성 물품은 기내 반입이 금지된다.(단, 날 길이 6cm 이하 가위, 총길이 10cm 이하 렌치, 스패너는 기내 반입 가능)
- 맥가이버칼, 문구용 칼, 날 길이 6cm 초과 가위 등은 휴대하여 기내에 반입할 수 없으니, 체크인카운터에서 부치는 짐(위탁수하물)으로 처리해야 한다.
- 물, 음료수, 김치, 된장/고추장, 스킨/로션/크림, 치약, 젤, 샴푸, 스프레이 등의 액체, 젤, 에어로졸의 경우도 허용량 외에 휴대반입이 제한된다.

5) 국내 면세점 구매 물품의 교환, 반품

출국 시 국내 면세점에서 구매한 물품을 구매자가 직접 휴대 입국하여 교환 또는 환불을 요청하는 경우 입국 시에 반드시 세관에 휴대품 신고 및 유치를 해야 한다. 자진신고를 하지 아니한 경우는 반품의 대상이 될 수 없다.(교환·환불하려는 물품가격 총액이 $800 이하인 경우는 제외)

면세점 구매 물품의 반품은 자진신고 후 세관에 유치된 경우에 가능하며, 이미 휴대품신고 하여 세금을 납부하고 국내로 반입이 완료된 물품의 경우 반품이 불가하다. 다만, 시내 면세점에서 구매·교환된 물품은 구매자가 출국하는 때 출국장의 인도장을 통해서만 인도된다(시내면세점 현장 교환 불가).

6) 면세점 종류별 인도/인수 방법

① 시내면세점

여권 및 탑승권 준비 - 시내면세점 쇼핑 - 교환권 수령 - 공항 도착 - 출국수속 - 인도장(교환권 서명 및 면세품 인도) - 탑승

② 공항면세점

공항도착 – 출국수속 – 면세점 쇼핑 – 면세품 인도 – 탑승

③ 항만면세점

항만터미널 도착 – 출국수속 – 면세점 쇼핑 – 면세품 인도 – 탑승

여권, 탑승권, 교환권 제시와 본인 확인 서명 후 구매한 물품 인도

〈사진 3-1〉 공항 면세품 인도장

3.4 지정면세점 이용방법

1) 지정면세점

제주도를 방문하는 내외국인 고객들이 제주도에서 나올 때 이용할 수 있는 면세점으로 내국인이나 국내선을 이용한 외국인을 대상으로 하는 면세점이다. '제주특별자치도 설치 및 국제자유도시 조성을 위한 특별법'에 따르면 '대통령령으로 정하는 면세품 판매장'을 의미한다. 일반면세점이 내외국인 모두 해외 출국 시에만 이용 가능한 데 비해 제주도의 지정면세점은 출국이 아닌 국내 다른 지역으로 출도하는 내외국인이 이용할 수 있다. 제주특별자치도 여행객이 지정 면세점에서 물품을 구

입하여 대한민국의 다른 지역으로 반출하는 경우에는 제주특별자치도 설치 및 국제자유도시 조성을 휘한 특별법」제255조,「조세특례제한법」제121조의 13,「제주특별자치도 여행객에 대한 면세점 특례규정」,「제주 국제자유도시 지정면세점운영에 관한 고시」등에서 정하는 바에 따라 관세 · 부가가치세 · 개별소비세 · 주세 · 교육세 · 농어촌특별세 · 담배소비세 및 지방교육세를 면제하거나 환급할 수 있다.

지정면세점에서는 제주도를 떠나 국내 다른 지역으로 출도하는 내외국인 누구나 1년에 6회, 1회에 미화 800달러 한도 내에서 주류, 화장품 등 다양한 종류의 면세품을 구매할 수 있다. 현재 지정면세점에는 제주국제자유도시개발센터(JDC)가 운영하는 JDC지정면세점과 제주관광공사가 운영하는 JTO지정면세점이 있다.(2023년 8월 기준)

🌐 지정면세점

2020년 4월부터 별도 면세제도 시행으로 제주 지정면세점은 면세물품 구매한도(1회 $800)에서 주류 및 담배는 제외된다. 주류 1인당 2병(2L 이하, $400 이하) 및 담배 1보루(200개비)는 제주도 지정면세점의 별도 면세물품으로 지정되어 구매 한도에서 제외된다.(2023년 8월 기준)

〈사진 3-2〉 JTO지정면세점, JDC지정면세점

2) 제주도 여행 시 지정면세점 이용방법

① 제주공항면세점

공항도착 - 공항(만) 탑승수속 - 면세점 쇼핑 - 면세품 인도 - 탑승

ex) 온라인 예약 가능 시간: 출도일 기준 10일 전부터 전일 낮 12시까지

② 제주항 면세점

항만 발권 - 면세점 쇼핑 - 면세품 인도 - 탑승

ex) • 출항 전 약 30분부터 승선 검색 후 면세점 이용이 가능하다.
　　 • 온라인 예약 가능 시간: 출도일 기준 10일 전부터 전일 오전 9시까지

③ 제주관광공사 면세점

교통편 예약확인서 준비 - 지정면세점 쇼핑 - 교환권 수령 - 출도장 도착 - 화물탁송 - 면세품 인도 - 탑승

ex) 구매가능 시간 : 출도 날짜 기준으로 15일 이전부터 당일 4시간 전(항만 5시간 전)까지 구매 가능하며, 주류는 출도일로부터 7일 전 예약 가능하다.

3) 지정면세점 이용 시 면세품 인도 방법

　제주 시내의 지정면세점에서 면세품을 구입한 경우 지정된 인도장에서 구입한 면세품을 인도받을 수 있다. 그리고 제주국제공항 또는 여객터미널에 위치한 지정면세점에서 면세품을 구입한 경우에는 바로 면세품을 인도받을 수 있다.

4) 지정면세점 물품 구입 시 유의사항

제주특별자치도 여행객은 지정면세점에서 1회에 미화 800달러 이하로 면세물품을 구입할 수 있다. 또한, 제주특별자치도 여행객은 연도별(매해 1월 1일부터 12월 31일까지)로 6회까지 면세물품을 구입할 수 있다. 주류 및 담배는 만 19세 이상인 경우에만 구입할 수 있고, 면세품을 구매할 때는 본인 확인이 가능한 신분증 및 탑승권이 필요하다(청소년: 청소년증, 외국인: 여권).

5) 지정 면세점 이용 시 교환·환불 및 A/S

지정 면세점에서 구입한 면세품을 교환 또는 환불받고자 하는 경우에는 교환·환불 신청서를 작성해 제출한다. 그리고 지정면세점에서 구입한 면세품은 브랜드별로 정해진 센터에서 A/S를 받을 수 있다.

교환품은 구매자에게 송부하거나 재방문한 구매자가 제주도를 출발할 때 인도받을 수 있으며, 제주도에 거주하는 구매자가 교환 신청한 경우에는 직접 인도 받을 수 있다.

학습평가

1. 시내면세점에서 구매한 면세품의 인도 방법에 대한 설명으로 맞지 않는 것은?
   ① 시내면세점에서 구매한 면세품은 해외 출국 시 출국장 내에 지정된 인도장에서 인도받는다.
   ② 구매한 면세품의 인도를 위해서는 여권, 탑승권 및 면세품 구입 시 받은 교환권을 제시하고 인도 확인의 서명을 한다.
   ③ 출국장면세점(공항면세점)에서 면세품을 구매하는 경우에는 바로 면세품을 인도받을 수 있다.
   ④ 온라인 면세점에서 구매한 상품은 구매한 면세점 매장에서 바로 인도가 가능하다.

2. 기내 휴대반입 제한 물품에 대한 설명 중 맞지 않는 것은?
   ① 여행자 휴대품의 기본 면세 범위는 1인당 $800이다.
   ② 여행자 휴대품 면세는 기본면세와, 이와는 별도로 면세되는 품목이 있으며 각각 일정한 제한이 있다. 별도 면세 범위 중 술은 1인당 2병(2리터 이하 & $400 이하)까지 기내 휴대 반입이 가능하다.
   ③ 술과 담배 그리고 향수는 미화 $800의 입국 면세한도와는 별도로 추가 면세 한도가 적용되지 않는다.
   ④ 면세점에서 구입한 액체류 및 젤류 물품에 대한 기내 반입은 직항으로 출국하는 경우 투명 봉인봉투(STEB, Security Tamper Evidence Bag)로 포장 시, 용량, 수량에 관계 없이 반입 가능하며, 면세품 구입 당시 받은 영수증이 투명 봉인봉투에 동봉 또는 부착된 경우에 반입이 가능하다.

✎정답 Chapter 03

01 ④   02 ③

연구과제

1. 면세점(보세판매장)에서 구입한 모든 면세물품을 다시 한국으로 가지고 들어올 경우, 외국에서 구입한 물품을 포함한 총합산 가격이 $800를 초과하게 되면 반드시 세관에 신고를 해야 한다. 아래 관련된 내용을 설명하시오.

① 면세품 구매한도 및 반입한도

② 여행자 휴대품 면세범위

③ 면세점 종류별 인도 과정

④ TAX-REFUND(사후면세제도)

Chapter

TAX–REFUND(사후면세제도)

외국인 관광객이 사후면세점에서 3만 원 이상(2024년부터 1만 5천 원 이상)의 물건을 구입하는 경우, 물품대금에 포함되어 있는 부가가치세 및 개별소비세를 출국 시 공항, 항만 등지의 TAX FREE 환급창구를 통해 환급하여 주는 제도이다.

국내 사후면세점에서 구매한 물품을 가지고 3개월 이내에 출국 시, 해당 물품에 대하여 세관의 반출 확인을 받은 후 환급창구 운영사업자에게 이를 청구하게 되면 구매 시 부과되었던 부가가치세 등의 내국세를 환급 받을 수 있는 제도이다.

학습목표

- TAX REFUND(사후면세제도)에 대해 정확히 이해할 수 있다.
- TAX REFUND 환급 방법에 대해 설명할 수 있다.
- TAX REFUND 환급 절차를 설명할 수 있다.

목 차

TAX-REFUND(사후면세제도)

4.1 TAX REFUND(사후면세제도)란?

사후면세제도란 법인, 외교관, 주한 국제연합군, 미군의 장병과 군무원을 제외한 외국인 관광객이 사후면세점으로 지정된 판매장에서 일정 금액 이상의 물건을 구매할 경우, 물품대금에 포함된 소비세(부가가치세, 개별소비세)를 출국 시 공항 내 환급 창구를 통해 돌려받는 형태로 면세혜택을 제공하는 제도이다.

외국인 관광객이 국내 사후면세사업장에서 구매한 물품을 가지고 3개월 이내에 출국 시, 해당 물품에 대하여 세관의 반출 확인을 받은 후 환급창구 운영사업자에게 이를 청구하게 되면 구매 시 부과되었던 부가가치세 등의 내국세를 환급 받을 수 있는 제도이다.

1) TAX REFUND 서비스

국내 택스프리 환급서비스는 대행업체가 서비스를 제공하고 있으며, 각 업체마다 환급창구 개설 장소, 무인정보처리기기(KIOSK) 설치, 메일박스 등을 운영하고 있다.

2) 환급 대상

① 최저 3만 원 이상(2024년부터 1만 5천 원 이상) 구매, 3개월 이내로 반출 가능한
  - **외국인 관광객**: 국내 체류기간이 6개월 이내
  - **해외교포**: 국내 체류기간이 3개월 이내, 2년 이상 해외 거주

3) 환급 방식

① **즉시 환급**: 사후면세점에서 물품 구매 시 결제금액에서 환급액을 차감하는 방식으로 환급
② **도심 환급**: 환급 전표 소지 후 지정된 도심환급센터에 방문하여 환급
③ **출국항 환급**: 공항(항만) 출국장 내 환급 창구에 방문하여 환급
④ **모바일 환급**: 모바일 APP을 통해 신청하여 환급

4.2 TAX REFUND 환급 방법

1) 환급 방법

물품 구매	세관 반출 확인	환급 전표 교부	환급
'사후면세점'에서 3만 원 이상 물품 구입	면세 물품을 구입한 날로부터 3개월 이내에 반출(출국) 시 세관 직원에게 구입 물품을 제시하고 환급전표 반출 확인	구매 물품과 함께 환급 전표 교부	확인을 마친 환급 전표를 택스 리펀드 서비스 운영사를 통해 세액 환급

(1) 즉시 환급

외국인 관광객이 쇼핑을 하고 결제와 동시에 환급을 받는 제도로, 별도의 환급창구를 방문하지 않고 결제 시 환급 받을 금액을 차감해 결제하는 방식이다. 사후면세점에서 물품 구입 시 즉시 환급을 못 받아도 기존처럼 공항에서도(또는 시내환급창구) 환급 받을 수 있다. 즉시 환급 한도는 다음과 같다.(2023년 8월 1일 기준)

① 즉시 환급 한도: 1회 거래당 70만 원 미만일 것(기존 50만 원)

② 시내환급: 1회 구매액 한도 600만 원

③ Tax Refund 대상 :
  - 최저 3만 원 이상(2024년부터 1만 5천 원 이상) 구매, 3개월 이내로 반출 가능한 외국인 관광객(국내 체류기간 6개월 이내)
  - 해외교포: 국내 체류기간 3개월 이내, 2년 이상 해외 거주

(2) 시내환급

부가세가 포함된 물품을 구입한 뒤, 세관 반출을 받기 전 시내에 설치된 환급 창구 또는 KIOSK에서 내국세를 환급 받는 제도로 출국 시 공항 또는 항만에서 세관 반출 확인 후 바로 출국 가능

(3) 사후환급

부가세가 포함된 물품을 구입한 뒤, 이를 사용하지 않고 본국으로 돌아가는 경우, 여행 중에 구매한 물품의 일정액 부가세를 되돌려주는 제도이다. 대상 고객은 최저 3만 원 이상(2024년부터 1만 5천 원 이상) 구매하고, 3개월 이내로 해외 반출하는

① 외국인(국내 체류기간 6개월 미만)

② 해외교포(2년 이상 해외 거주자/국내 체류기간 3개월 미만)

③ 대한민국 내에서 무소득자 등이어야 함

2) 환급 대상 및 장소

구분	시행 후(2023년 6월부터)
환급 대상	• 사후면세점 환급의 최소 기준금액: - 건당 3만 원 이상(2024년부터 1만 5천 원 이상) - 1회 거래당 70만 원 미만 • 도심 환급 한도: - 1회 거래 가액 기준 600만 원 이하
환급 장소	• 공항(또는 시내환급창구 및 모바일 APP) • 사후면세점에서 즉시환급 : 한도 내, 즉시환급 시스템을 갖춘 업소일 경우

4.3 TAX REFUND 환급 절차

1) 환급대상자 확인

① 한국 체류 6개월 이내의 외국 국적자

② 해외교포(2년 이상 해외 거주자/국내 체류기간 3개월 미만)

③ 대한민국 내에서 무소득자

④ 구매 후 3개월 이내 반출

2) 환급을 받기 위한 3단계

① 쇼핑

택스프리 제휴 가맹점 매장(사후면세점)에서 3만 원 이상(2024년부터 1만 5천 원 이상) 물건을 구매 후 환급 영수증을 받는다.

② 반출 확인

출국 시 세관에 물품과 환급 영수증, 여권을 보여 주고 반출 확인
도장을 받는다.

🌐 Tip 공항에서 부가세 환급 시 주의

- 부가세 환급을 신청할 물품과 관련 서류는 수하물로 부치지 않고 휴대
  하도록 한다.
- 세관신고 데스크에 여권, 구입 물품(미개봉, 미사용한 물품에 한함) 및
  영수증을 제출하고 부가세 환급 서류에 반출 확인 도장을 받는다.

③ 환급 신청

출국장 내 택스프리 환급창구에서 부가세를 현금으로 환급 받는
다.(환급 부스가 없는 출국장의 경우 메일 박스를 통해 환급 받을 수 있다.)

🌐 참고: 창구를 이용한 부가세 환급 시 주의

- 부가세 환급 카운터를 방문하여 세관 확인 도장이 찍힌 부가세 환급 서
  류를 제출하고, 현장에서 즉시 부가세를 환급 받는다.
- 환급 창구의 운영시간 외에 도착하는 경우, 출국 시간이 촉박하여 세관
  확인 도장을 받고도 환급을 받지 못한 경우엔 리펀드 상자에 관련 서류
  를 제출한다. 일정 기간 후 환급 금액이 우편환 또는 (신용카드 연계) 계좌
  로 입금된다.

3) 시내환급 절차

(1) 환급대상 및 절차

① 3만 원 이상(2024년부터 1만 5천 원 이상) 600만 원 이하 쇼핑

② 창구에서 여권, 환급전표, 신용카드 제시 후, 현금 환급

③ 30일 이내 출국

(2) 세관신고 안내

출국 전 세관신고를 하지 않으면, 환급 받은 금액이 신용카드로 청구된다. 각 공항/항에 도착하면, 짐 부치기 전에 세관에 가서 탑승권, 물건, 환급전표를 제시한 후, 세관에 영수증을 제출한다.

4) 사후면세점 현황

(단위: 개)

구분	2015	2016	2017	2018
개수	12,077	15,981	17,793	19,150

자료: 국세청

4.4 TAX REFUND 핵심 정리

Q. TAX REFUND(사후면세제도)가 무엇인가요?

A. TAX REFUND(사후면세제도)는 외국인 관광객이 국내 사후면세 사업장에서 구매한 물품을 가지고 3개월 이내에 출국 시, 해당 물품에 대하여 세관의 반출 확인을 받은 후 환급창구 운영사업자에게 이를 청구하게 되면 구매 시 부과되었던 부가가치세 등의 내국세를 환급받을 수 있는 제도이다.(구매금액이 3만 원 이상, 2024년부터는 1만 5천 원 이상일 경우에만 내국세 환급이 가능하다.)

Q. TAX REFUND 환급 어떻게 받나요?

A. 'TAX REFUND' 가맹점에서 물건을 구입해야만 부가세를 환급 받을 수 있다. TAX REFUND 가맹점임을 확인한 여행자는 물건을 구매한 후, 영수증과 환급증명서를 챙겨야 한다. 물건을 구매해도 이를 증명하지 못하면 세금을 돌려받을 수 없기 때문이다. 세관신고 데스크에 여권, 구입 물품(미개봉 물품에 한함) 및 영수증을 제출하고 부가세 환급 서류에 반출 확인 도장을 받는다.

Q. TAX REFUND 가맹점은 어떻게 알 수 있나요?

A. 국내 택스프리 환급서비스는 대행업체가 서비스를 제공하고 있으며, 각 업체마다 환급창구 개설 장소, 무인정보처리기기(KIOSK) 설치, 메일박스 등을 운영하고 있다. TAX REFUND 가맹점임을 알 수 있는 방법은 상점에 '택스 리펀드(Tax Refund)' 또는 '택스 프리(Tax Free)'라는 표시를 확인하면 된다. 한국의 경우 "Global Blue TAX FREE" 또는 "GLOBAL TAX FREE"라는 로고가 부착되어 있는 곳은 모두 택스 리펀드가 가능한 매장이다.

학습평가

1. **사후면세제도(TAX REFUND)에 대한 설명으로 맞지 않는 것은?**

 ① 외국인관광객이 사후면세점으로 지정된 판매장에서 일정금액 이상의 물건을 구매할 경우, 물품대금에 포함된 소비세(부가가치세, 개별소비세)를 출국 시 공항 내 환급 창구를 통해 돌려받는 형태로 면세혜택을 제공하는 제도이다.

 ② 외국인 관광객이 사후면세점에서 1만 5천 원 이상의 물건을 구입하는 경우, 물품대금에 포함되어 있는 부가가치세 및 개별소비세를 출국 시 공항, 항만 등지의 TAX FREE 환급 창구를 통해 환급하여 주는 제도이다.

 ③ 외국인 관광객이 국내 사후면세사업장에서 구매한 물품을 가지고 3개월 이내에 출국 시, 해당 물품에 대하여 세관의 반출 확인을 받은 후 환급창구 운영사업자에게 이를 청구하게 되면 구매 시 부과되었던 부가가치세 등의 내국세를 환급 받을 수 있는 제도이다.

 ④ 외국인 관광객이 국내 사후면세사업장에서 구매한 금액이 10만 원 이상일 경우에만 내국세 환급이 가능하다.

2. **TAX REFUND 환급 방법 중 즉시환급에 대한 설명이 아닌 것은?**

 ① 외국인 관광객이 쇼핑을 하고 결제와 동시에 환급을 받는 제도이다.

 ② 별도의 환급창구를 방문하지 않고 결제 시 환급 받을 금액을 차감해 결제하는 방식이다.

 ③ 사후면세점에서 물품 구입 시 즉시 환급을 못 받아도 기존처럼 공항에서도(또는 시내환급창구) 환급 받을 수 있다.

 ④ 즉시환급 한도는 1회 구매금액 1건당 30만 원 미만이며, 1인당 최대 구매금액 100만 원 미만이다.

✏️정답 Chapter **04**

 01 ④　　02 ④

연구과제

1. 면세점(보세판매장)에서 구입한 모든 면세물품을 다시 한국으로 가
   지고 들어올 경우, 외국에서 구입한 물품을 포함한 총합산 가격이
   $800를 초과하게 되면 반드시 세관에 신고를 해야 한다. 아래 관련된 내
   용을 설명하시오.

   ① 면세품 구매한도 및 반입한도

   ② 여행자 휴대품 면세범위

   ③ 면세점 종류별 인도 과정

DUTY FREE SHOP
SERVICE PRACTICE

II

고객서비스
실무

Chapter 01

고객서비스 기본

개 요

면세점 직원의 역할은 단순히 매출을 증대시키는 것이 아니라, 서비스를 통하여 고객에게 한국관광에 대한 좋은 경험을 선물하는 것이므로, 이번 Chapter에서는 고객만족과 매출 향상에 미치는 전문적인 서비스 실무 과정에 대해 학습한다.

학습목표

- 직원의 마인드가 고객만족과 매출 향상에 미치는 영향에 대해 알게 된다.
- 고객응대서비스 중요성에 대해 알게 된다.
- 고객 접점 관리(MOT)가 중요한 이유를 알게 된다.
- 신뢰감을 주는 서비스 기본예절을 익히고 매장에서 적용할 수 있게 된다.
- 친절한 전화응대 예절을 익히고 고객응대 시 적용할 수 있게 된다.

목 차

고객서비스 기본

1.1 면세점 고객서비스의 특성

고객서비스(Customer Service)는 재화나 서비스 상품을 구입한 고객에게 제공하는 사전 및 사후 관리 서비스를 말한다. 고객 만족을 지속시키기 위하여 고객이 제품이나 서비스를 사용하는 것을 지원하는 활동으로 서비스 산업에서 경쟁우위를 확보하는 데 매우 광범위하게 활용되고 있다. 고객서비스는 유형의 제품과 달리 사전에 보여줄 수 없고, 서비스를 제공받기 전에는 보고, 만지며, 냄새나 맛을 평가할 수 없다. 이 같은 서비스의 무형적 특성 때문에 고객의 평가를 파악하는 데 어려움이 있다. 서비스와 유형제품의 차이점은 서비스는 고객과 직원 간의 직접 접촉을 통해 생산되고 전달되기 때문에 생산과 소비가 동시에 일어나는 비분리성과 고객이 생산과정에 참여하여 고객과의 상호작용에 의해 서비스 가치가 창출된다는 것이다. 이 같은 특성을 보완하기 위해서는 서비스 제공자의 태도가 매우 중요하므로 기업은 직원의 선발에 신중해야 하고 지속적인 교육 훈련도 필요하다. 이처럼 많은 서비스기업은 고객의 기대심리와 시장의 경쟁 심화에 따른 다양한 차별화 전략으로 고객에게 고품질 서비스를 제공함으로써 경쟁적 우위를 확보하고자 노력하고 있다. 서비스기업의 성과 창출은 일차적으로 고객과 직접 접촉하는 현장직원에 의해 이루어지기 때문에 무엇보다 현장 서비스직원의 역할이 중요하다.

최근 우리나라를 방문하는 외래관광객들은 면세점에 대한 선호도와 만족도가 높아 쇼핑을 목적으로 하는 쇼핑관광이 증가하는 추세이다. 쇼핑관광은 단순히 필요한 물건을 구매하는 개념이 아닌 관광을 유발하는 중요한 동기 중 하나이다. 쇼핑을 목적으로 방한하는 외국인 관광객이 증가하고 이와 관련된 매출도 증가하면서 관광산업 내 쇼핑관광의 중요성이 점차 높아지고 있다. 면세점 쇼핑은 여행 중 쇼핑활동을하는 첫 번째 장소이자 마지막 장소이며 다양한 고급브랜드의 제품 구비, 지불방법의 편리성, 면세의 경제성 등으로 인해 다른 관광쇼핑과의차별화된 이점을 제공한다.

면세점 서비스직원은 외래관광객과 소통하며 관광한국을 대표함과동시에 숙박, 여행사 등 연관 산업과의 관광인프라 구축을 선도하고 있다. 특히 고객에게 상품을 설명하고 판촉활동을 하며 고객이 선택한 상품의 결제, 상품진열, 반품처리, 고객관리, 고객불만 해결, 보세판매장관련 법규 지식, 외국인 고객을 주로 응대하는 만큼 외국어 능력 등의상당한 전문성이 요구된다.

서울, 부산, 제주 등에서 운영되는 시내면세점과 공항 내 면세점에서근무하고 있으며, 면세점의 직영사원과 해당 브랜드의 파견사원으로구분할 수 있다. 고객과의 접점에 위치하면서 고객에게 가장 많은 영향을 미치고 있으며 고객에 대한 지식도 가장 풍부하다. 직원의 경쟁력이면세점의 경쟁력과 직접적으로 연결될 수 있으며, 서비스 수준이 점포이미지나 점포 선택 행동에 상당한 영향을 미치고 있다.

1.2 고객접점관리(MOT)란?

서비스를 성공적으로 제공할 수 있는지의 여부는 서비스 전달 과정에 참여하는 서비스 제공자와 고객이 서로 대면(접촉)하는 순간에 좌우되는 경우가 많은데, 이 접촉하는 과정이나 상황을 서비스 접점, MOT(Moment of Truth, 진실의 순간)이라 한다.

서비스 접점, MOT(Moments of Truth)는 '결정적인 순간'을 의미하며, 원래 스페인어인 'Momentodela Verdad'라는 말에서 나왔다. 이 의미는 투우에서 "숨통을 찌르는 단 한 번의 순간 또는 피하려야 피할 수 없는 중요한 장면, 결정적인 순간"을 말한다.

MOT의 개념을 경영에 최초로 도입한 사람은 스칸디나비아 항공(SAS)의 얀 칼슨 사장으로 1987년 'Momnet of Truth'란 책을 펴낸 이후 MOT라는 말이 급속히 퍼졌다. 고객과 직원들의 접촉이 이루어지는 일대일 상호작용인 서비스접점은 고객만족에 영향을 주며 나아가서는 성공적인 서비스 사업으로 이어지는 역할을 한다. 고객의 시각에서 서비스는 그 기업의 전체를 보여주는 것이고 서비스가 곧 브랜드이기 때문에 서비스 접점은 매우 중요한 역할을 한다. 서비스는 고객과의 눈맞춤에서부터 시작된다. 눈맞춤 15초면 고객이 서비스나 상품의 구매를 고려하는데 판가름이 난다는 것이다. 처음 15초의 중요성을 스칸디나비아 항공사 사례를 통해 살펴보자.

스칸디나비아 항공(SAS)의 얀 칼슨 사장

  스칸디나비아 항공사의 얀 칼슨(Jan Carlson) 사장은 스칸디나비아 항공
에서는 대략 한 해에 1000만 명의 승객이 각각 5명의 직원들과 접촉하
며, 1회 응대 시간은 평균 15초임을 발견하고, 스칸디나비아 항공사의
진실의 순간은 "1회 15초 동안 5천만 번 고객의 마음에 스칸디나비아
항공의 서비스 이미지를 새겨 넣는 것이다"라고 정의했다. 그리고 기업
의 긍정적인 인식을 고객에게 새겨 넣기 위해서는 이 15초를 활용해야
한다는 사실을 깨닫게 되었다. 얀 칼슨 사장은 15초 동안의 짧은 순간
순간이 결국 스칸디나비아항공의 전체 이미지, 나아가 사업의 성공을
좌우한다고 강조하였다. 이러한 진실의 순간의 개념을 도입하여 스칸
디나비아항공을 불과 1년 만에 적자에서 흑자 경영으로 전환시켰다.
고객과의 접점이 일어나는 순간, MOT를 도입하여 1년 만에 적자에서
흑자 경영으로 전환시키는 효과를 이루게 된 것이다. 얀 칼슨 사장은
MOT의 개념을 소개하기 위해 기내에서 사용하는 불결한 접시 또는 쟁
반을 예로 들었다. 만약 승객들이 자신의 접시가 지저분하다는 것을 발
견하게 된다면, 같은 순간에 그들은 탑승하고 있는 비행기가 불결하다
고 느끼게 된다는 것이다. 이처럼 MOT는 서비스 제공자가 고객에게 서
비스 품질을 보여 줄 수 있는 극히 짧은 시간이지만, 자사에 대한 고객
의 인상을 좌우하는 극히 중요한 순간인 것이다. 이들이 말하는 고객접
점 서비스란 고객과 서비스 요원 사이의 15초 동안의 짧은 순간에서 이
루어지는 서비스로서 이 순간을 '진실의 순간' 또는 '결정적 순간'이라고
하였다. '결정적 순간'은 고객이 서비스를 제공하는 조직과 어떤 형태로
접촉하든지 간에 발생하며, 이 결정적 순간들이 쌓여 서비스 전체의 품
질이 결정된다. 서비스 접점 하나하나가 고객의 기억 속에 기업 자체의
이미지로 남을 수 있으므로 고객 한 명, 혹은 잠재 고객이라도 성실히
응대하는 자세가 필요하다. 또한 결정적 순간이 짧기 때문에 그 상황에
효과적이며 신속하게 대응할 수 있는 서비스직원의 능력이 중요하다.

고객접점관리의 중요 요소

고객과 직원들의 접촉이 이루어지는 일대일 상호작용인 서비스접점은 고객만족에 영향을 주며 나아가서는 성공적인 서비스로 이어지는 역할을 한다. 고객이 매장을 방문해서 접하는 모든 순간들 중 특히 기억에 남을 만한 것으로 개인적인 느낌과 응대자의 상황에 의해 좌우되는 직감적인 인상이다. 따라서 고객에게는 고객 접점이 그 매장에 대한 전체적인 이미지로 기억될 수 있기에 관리에 최선을 다해야 한다.

① 정확성: 현장 직원들은 정확한 정보를 가지고 있어야 한다.
② 태도: 현장 직원들은 단정한 복장과 기본적 예의를 가지고 있어야 한다.
③ 고객 이해도: 고객이 원하는 것이 무엇인지 알아야 한다.
④ 신속한 대응: 신속한 행동으로 고객의 대기 시간을 최소화하여야 한다.
⑤ 소통: 고객의 얘기를 경청하고 이해해야 한다.

1.3 용모와 복장

용모와 복장은 그 사람의 품성을 제일 먼저 판단하게 한다. 특히 첫 인상을 판단하는 결정적 요소라는 의미에서 중요하다. 고객이 서비스 접점 직원에게 처음에 느끼는 이미지는 서비스 전 과정에 영향을 미치 므로, 고객의 시선을 보며 부드러운 음성과 표정으로 맞이하도록 한다. 항상 용모 복장 체크리스트로 점검하는 습관을 기르도록 하자.

1) 용모 복장 체크 리스트

구분	항목	내용	○	×
여	머리	- 잔머리가 나오지 않게 단정하게 관리한다. - 어깨를 넘는 길이의 머리는 단정하게 묶는다.		
	유니폼	- 다림질이 잘 되어 있는지 확인한다. - 손질이 잘 되었는지 확인한다.		
	얼굴	- 립스틱 색깔은 너무 짙지 않도록 한다.		
	손	- 손톱의 길이는 너무 길지 않도록 한다. - 매니큐어가 지나치게 화려하지 않은지 확인한다.		
	스타킹	- 무늬가 있는 스타킹은 신지 않는다.		
	구두	- 깨끗이 손질되어 있는지 확인하며 너무 화려한 색상은 피한다.		
남	머리	- 앞머리나 구레나룻이 길지 않게 한다.		
	얼굴	- 수염을 단정하게 깎으며, 면도는 매일 한다.		
	유니폼	- 다림질이 잘 되어 있는지 확인한다. - 정장의 경우 어울리는 셔츠를 갖춰 입는다.		
	양말	- 색상이 화려하지 않은 양말을 신는다.		
	구두	- 구두를 착용한다.		

1.4 바른 대기 자세

직원의 따뜻한 눈맞춤과 편안한 표정의 대기 자세는 고객이 느낄 수 있는 불편감을 완화하는 데 매우 중요한 요소이다. 언제 어디에서 다가올지 모르는 고객을 정성껏 응대하려는 눈길로 천천히 주위를 살피도록 한다.

1) 바른 대기 자세

- 가슴을 쭉 펴고 어깨는 힘을 빼며 배는 힘을 주어 내밀지 않도록 한다.
- 목과 허리를 펴서 머리에서 발끝까지 일직선이 되도록 한다.
- 팔은 자연스럽게 몸 옆으로 내리고 손은 손가락을 붙여 가볍게 오므려서 바지 재봉선 위에 놓는다.
- 시선은 정면을 향하고 바른 고개 위치에서 턱을 살짝 당긴다.
- 두 손은 공수하여 공손한 자세를 취한다.
- 뒷짐을 지지 않는다.
- 몸을 기대거나 다리를 꼬지 않는다.

- Do's
  - 바른 자세, 밝은 표정으로 고객이 들어오는 방향을 바라보고 있다.
  - 매장이 한산할 때는 상품을 진열하거나 주위를 정돈한다.

- Don'ts
  - 한 곳에 여러 명이 모여서 잡담을 하거나 장난을 치는 행동
  - 고객을 쳐다보면서 웃거나 얘기하는 행위
  - 고객에게 무관심한 행위
  - 진열장에 기대서 서 있는 행동

1.5 첫인상과 표정

1) 첫인상을 결정하는 요소

미국 캘리포니아 대학 UCLA의 심리학과 명예교수인 앨버트 메라비언(Albert Mehrabian)이 1971년에 『침묵의 메시지(Silent Messages)』라는 저서를 출간했다. 한 사람이 상대방으로부터 받는 이미지는 시각(몸짓) 55%, 청각(음색, 목소리, 억양) 38%, 언어(내용) 7%라는 커뮤니케이션 이론을 제시했다. "행동의 소리가 말의 소리보다 크다"는 '메라비언의 법칙(The Law of Mehrabian)'이다. 즉 효과적인 의사소통에 있어서 말투나 표정, 눈빛과 제스처 같은 비언어적 요소가 차지하는 비율이 93%(vocal 38% + visual 55%)의 높은 영향력을 가지고 있다.

앨버트 메라비언의 법칙

말의 내용 7%

청각 38%

38%

55%

시각 55%

2) 밝은 표정은 판매 성공률을 높이는 첫 응대

밝은 표정은 상대에게 호감을 주고 상대의 마음을 열게 해 주며 스스로의 가치를 높이는 서비스 정신의 표시이다. 또한 '눈은 마음의 창'이라 하여 사람의 마음을 잘 읽을 수 있는 또 하나의 표정이며, 첫인상을 결정짓는 중요한 요소이기도 하다. 따라서 항상 밝은 표정으로 고객에게 좋은 이미지를 심어주도록 하는 것이 중요하다.

1.6 인사

인사는 고객과 만나는 첫걸음이며, 고객에게 마음을 열고 다가가는 적극적인 마음의 표현이다. 상대방에 대한 우호적 감정의 표현인 인사는 고객과 만나는 과정에서 생길 수 있는 불안감을 감소시키며 적대감을 사라지게 한다.

1) 올바른 인사 표현 순서

① 바른 자세로 선다.
② 허리를 정중히 굽힌다.
③ 잠시 멈춘다.
④ 천천히 든다.
⑤ 바로 서서 상대의 눈을 보며 미소 짓는다.

2) 좋은 인사의 4가지 포인트

- 상대방이 다가올 때, 인사말을 먼저 하고 인사한다.
- 상대방이 먼저 인사를 했을 때, 더 반갑게 인사한다.
- 복도, 계단을 지나칠 때, 간단히 예의를 표한 후, 적당한 거리에서 눈높이가 맞을 때 인사한다.
- 인사 후 고객이 지나갈 수 있도록 자리를 약간 옆으로 비켜선다.

웃으면 복이 온다: 뒤센 미소와 팬 아메리칸 미소

버클리대학교 캘트너(Keltner)와 하커(Hsrker) 교수는 밀스대학의 1960년도 졸업생 141명을 대상으로 연구를 진행하였다. 졸업 앨범에서 웃고 있던 여학생 중 절반은 뒤센 미소(마음에서 우러나는 진짜 미소), 나머지 절반은 팬 아메리칸 미소(입은 웃고 있으나 눈은 웃지 않는 가짜 미소)를 띠고 있었다. 뒤센 미소는 웃을 때 얼굴 전체를 움직여 미소 짓는 형태로 가짜 웃음과 대비된다. 여학생들이 27살, 43살, 52살이 될 때마다 그들의 결혼생활이나 생활 만족도를 조사한 결과, 뒤센 미소를 띤 사람들은 약 30년 동안 행복하게 결혼생활과 건강을 유지하고 있었다. (자료: 마틴 셀리그만(2009). 『긍정심리학』)

---

3) 인사의 종류

① 약례(15도)… 상체를 15정도 약하게 숙여 인사
  - 실내에서 마주치는 상황
  - 평소 친하나 예의를 갖춰야 하는 동료나 지인을 마주친 상황
  - 손아랫사람과 인사를 하는 상황

② 보통례(30도)… 비즈니스 상에서 가장 사용 빈도 수가 높은 인사
  - 고객 또는 상사를 만났을 때와 헤어지는 상황
  - 상사에게 업무를 보고하거나 지시를 받는 상황
  - 처음 만나는 사람과 인사를 나누는 상황

③ 정중례(45도)··· 예의를 다해야 하는 상황에 모두 사용하는 인사법

- 사과를 전해야 하는 상황
- 감사의 뜻을 전하는 상황
- 매우 중요한 사람을 맞이하는 상황(VIP 고객 등)

4) 소개 순서

- 고객에게 상사를 먼저 소개한다.
  - 고객에게 상사를 먼저 소개 : 저희 매장 ○○○매니저입니다.
  - 상사에게 다시 고객을 소개 : ○○○ 고객님입니다.
- 연소자를 연장자에게(다만 직위가 연령에 우선)
- 지위가 낮은 사람을 높은 사람에게
- 미혼자를 기혼자에게
- 남성을 여성에게(다만 남성의 지위가 아주 높을 경우에는 여성을 먼저 소개)
- 한 사람과 여러 사람을 동시에 소개할 때는 한 사람을 여러 사람에게

Q. 고객과 부서 부장님과의 소개는 어떤 순서가 적절할까요?
- 중요한 위치에 있는 사람이 고객이므로,
  "고객님, 저희 회사 ○○팀 부장○○○이십니다"라고 소개하는
  것이 적절하다.

1.7 신뢰감을 높이는 고객 안내

고객응대 시 좋은 자세와 동작은 고객에게 호감을 준다.

1) 방향 안내

- 방향을 가리킬 때는 손가락을 가지런히 모아 바닥을 위로 하여 손 전체로 안내한다.
- 손등이 보이거나 손목이 굽지 않도록 한다.
- 가까운 거리를 안내할 때는 팔꿈치를 구부린다.
- 먼 거리를 안내할 때는 팔을 펴서 안내한다. 이때 다른 한 손을 팔 꿈치에 받치면 훨씬 공손한 자세의 모습으로 보인다.
- 왼쪽을 가리킬 때는 왼손을, 오른쪽을 가리킬 때는 오른손을 사용 한다.
- 뒤쪽에 있는 방향을 안내할 때는 반드시 몸의 방향도 뒤로 하여 가 리킨다.
- 상대를 보지 않고 안내하거나 한 손가락으로 혹은 고개짓으로 안 내하지 않는다.
- 손가락을 붙이고 손바닥을 위로 향하게 하여 안 내를 하며, 오른쪽 방향을 가리키는 경우는 오른 손으로, 왼쪽 방향은 왼손을 사용한다.
- 팔꿈치의 각도로 거리감을 나타낸다.
- 시선은 상대의 눈 → 가리키는 방향 → 상대의 눈 으로 움직인다.

2) 동행하며 안내할 때

- 이동 시
  - 계단을 오르거나 내려가기 전에 "○층입니다."라고 미리 안내한다.
  - 안내자가 앞서는 것이 원칙이나, 여성 고객이 치마를 입고 있어 불편할 경우에는 한두 계단 옆에서 안내할 수 있도록 한다.
- 엘리베이터 이용 시
  - 안내자가 없을 경우 "제가 먼저 타겠습니다."라고 말하며 직원이 먼저 타고, 엘리베이터 버튼을 누르고 있는 동안 고객에게 "이쪽입니다."라고 안내한다.
  - 안내자가 있을 경우에는 탈 때도 내릴 때도 고객이 먼저 타고 내리도록 한다.

3) 문에서 안내할 때

- 자동문일 경우
  - 고객보다 1~2보 앞으로 먼저 들어간 후 문 옆에서 기다린다.
- 밀어서 여는 문일 경우
  - 안내자가 먼저 들어가서 고객을 안내한다.
- 회전문일 경우
  - 안내자는 앞에서 회전 칸에 들어가 문을 밀어 고객이 뒤따라 들어오시게 한 후 먼저 나와 문 앞에서 기다린다.
- 잡아 당겨서 여는 문일 경우
  - 좌로 여는 문은 왼손으로 열고 문의 좌측에 서서 고객이 먼저 들어가게끔 안내한 후에 오른손으로 문을 닫는다.

- Do's
- 고객의 1~2보 앞에 서서 안내한다.
- 고객의 동선을 수시로 확인하며 안내한다.
- Don'ts
- 방문객을 안내할 때는 손님의 대각선 방향으로 걷도록 한다.

1.8 전화응대

1) 전화응대의 중요성

눈에 보이지는 않지만 목소리를 통해 그 사람의 성격, 출신 지역, 연령 등이 읽히므로 말하는 자세를 바르게 하는 것 또한 중요하다. '친절, 신속, 전문적'인 느낌이 들도록 얘기하는 것이 좋다. 전화는 상대방과 대면하지 않고 목소리나 언어만으로 대화가 이루어지기 때문에 상대가 그 의미를 오해하거나 자칫하면 실수를 범할 수도 있다.

전화응대의 경우는 87%가 목소리, 13%가 사용하는 언어의 비율로 전달이 이루어지기 때문에 음성의 중요성이 더욱 부각되고 있다. 이에 상황에 따라 적절한 음성의 연출이 필요하다.

2) 전화응대의 3원칙: 친절, 신속, 정확

① 친절
  - 직접 고객을 맞이하는 마음으로 전화응대를 한다.
  - 상냥한 어투로 상대를 존중하며 열린 마음으로 응대한다.
  - 잘못 걸려온 전화라도 고객 응대 시와 같은 어조와 음성으로 받는다.

② 신속
  - 전화벨이 울리면 세 번 이내에 신속히 받는다.
  - 간결하게 통화하며 결과안내나 기다리게 할 경우에는 예정시간을 미리 알린다.
  - 전화 걸기 전에는 용건을 5WH로 미리 정리한다.

③ 정확
  - 정확한 어조와 음성으로 통화자의 신원을 알린다.
  - 용무를 정확히 전달하고 전달받는다.
  - 업무에 대한 정확한 전문지식을 갖추고 응대한다.

3) 전화 받는 요령

  - 전화를 즉시 받는다.
  - 소속과 이름을 밝힌다.
  - 상대를 확인하고 인사를 한다.
  - 용건을 묻고 메모한다.
  - 통화내용을 확인한다.
  - 끝인사를 한다.
  - 수화기를 놓는다.

4) 전화 받는 자세 : 3.3.3 원칙

- 세 번 울리기 전에 받는다는 생각으로 민첩하게 받는다.
- 4회 이상 벨이 울린 후에는,
  - "늦게 받아 죄송합니다.

    ○○면세점 ○○코너 ○○○입니다."
- 수화기는 왼손으로, 오른손은 메모를 한다.
- 전화를 받으면 먼저 회사명이나 브랜드명, 본인 이름 순서로 밝힌다.
  - "감사합니다.

    ○○면세점 ○○브랜드 ○○○입니다."
  - "안녕하십니까?

    ○○면세점 ○○브랜드 ○○○입니다."
- 지시형보다는 청유형으로 표현한다.
  - "예 지배인님 바꿔드리겠습니다,

    잠시만 기다려 주시겠습니까?"
- 통화가 끝나면, 상대방이 끊은 후 수화기를 내려놓는다.(3초 뒤에)
  - "더 궁금하신 사항은 없으십니까?

    행복한 하루 되십시오."

전화응대의 3원칙

- 신속, 정확, 친절
- 전화응대의 3.3.3. 원칙
- 3번 전화벨이 울리기 전에 받고, 3분 이내로 통화하여 3초 뒤에 전화를 끊는다.

전화 응대 BEST 8	
① 전화 빨리 받기	벨소리는 3번 이내
② 먼저 인사하기	인사말, 소속, 이름을 밝은 목소리로
③ 충분히 경청하기	통화는 듣는 것부터
④ 전화내용 정확하게 전달하기	순간의 무성의가 기회 손실이 될 수도 있음
⑤ 통화는 간단 명료하게	용건을 요령 있게, 명료한 목소리로
⑥ 친절하게, 약간 High Tone으로	명랑하고 상냥한 말씨로
⑦ 통화 중인 주위에서는 조용히	동료와 고객을 위한 배려
⑧ 끝인사 후 상대보다 늦게	상대방보다 3초 늦게 끊기

5) 전화응대 시 메모지

월   일   요일

시간: 시   분

To   ,

(   )로 부터 메모 부탁이 있었습니다.

• 전화 왔었다고 전해달라는 (   )
• 다시 전화하겠다고   (언제 :   )
• 전화해 달라고   (Tel :   )
• 기타 (   )

전하는 사람:

(전화 받은 사람 이름 기재)

☞ 향후 전화 내용에 관한 궁금한 사항 확인 시 필요

☞ 서비스직은 스케줄 근무로 인해 직원 간에 업무 인수인계를 할 때가 많다. 고
객의 상품 관련 문의, 컴플레인, A/S, 취소 반품 등의 내용 전달을 위해 메모지
를 사용하면 유용하다.

6) 전화친절도 모니터링 체크리스트

평가항목	배점	세부항목	세부점수
맞이단계	20	• 수신의 신속성 • 최초인사 • 발음의 정확성 • 인사태도	5 5 5 5
응대단계	40	• 경청태도 • 설명태도 • 응대태도	10 20 10
연결단계	20	• 연결 번호 안내 • 설명태도	10 10
마무리단계	20	• 종료인사 • 종료태도 • 종료시점	10 5 5

전화고객 응대 기본자세

- 전화기 근처에는 항상 메모용지, 필기도구를 두고, 타 부서 담당자의 연락처를 찾기 쉽게 'UC'를 항상 온라인 상태로 유지한다.
- 통화 중 급한 일이 생겼을 경우라도 가급적 통화를 끝낸 뒤에 일을 처리하는 것이 좋지만 통화가 오래 걸려서 급한 일을 먼저 처리해야 하는 경우에는 상대방에게 사정을 설명하고 양해를 구한다.

1.9 전화응대 매뉴얼(영어, 중국어, 일본어)

1) 기본응대

감사합니다 ○○○입니다. 무엇을 도와드릴까요?

○○○. Thank you for your calling. What can I do for you?

谢谢! 我是○○○, 有什么可以帮助您的吗?

씨에씨에! 워쉬○○○, 요우셤머크어이빵쭈닌더마?

お電話ありがとうございます。○○○でございます。

오뎅와 아리가토-고자이마스. ○○○데 고자이마스.

2) 늦게 받았을 때

늦게 받아 죄송합니다. ○○○입니다. 무엇을 도와드릴까요?

○○○. Sorry to get your call late. What can I do for you?

对不起, 电话接得太慢了! 我是○○○, 有什么可以帮助您的吗?

뚜에이뿌치, 디엔화지에더타아만러! 워쉬○○○, 요우셤머크어이빵쭈닌더마?

お待たせいたしました。○○○でございます。

오마타세 이타시마시타. ○○○데 고자이마스.

3) 다른 사람으로 연결할 때

예, 지배인님 바꿔드리겠습니다, 잠시만 기다려 주시겠습니까?

Sure, I'll get our manager to you soon. Hold on, please.

好的, 我请经理接电话。请稍等。

하오더, 워칭찡리찌에디엔화. 칭샤오더.

支配人におつなぎいたします。少々お待ちください。

시하이닌니 오츠나기 이타시마스. 쇼-쇼-오마치구다사이.

4) 전화가 잘못 걸려왔을 때

이곳은 ○○○입니다. 전화를 잘못 거신 것 같습니다.

○○○. I think you got a wrong number.

我们是○○○。您好像打错了。

워먼쉬○○○. 닌하오시항따추어러.

こちらは○○○でございます。おかけ間違いのようですが…

고치라와 ○○○데 고자이마스. 오카케 마치가이노 요-데스가.

5) 걸기

안녕하십니까? ○○○님이십니까? 예약 확인 전화 드렸습니다.

Good morning/afternoon/evening! I would like to confirm your reservation.

您好。是○○○吗？我们想确认一下您是否预订了。

닌하오. 쉬○○○마? 워먼시앙취에런이시아 닌쉬포위띵러.

こちら、○○○でございますが、○○○様でしょうか。ご予約の件でお
電話いたしました。

고치라, ○○○데 고자이마스가, ○○○사마 데쇼-까? 고요야쿠노 켄데
오뎅와 이타시마시다.

6) 통화 중 고객을 맞이할 경우

기다려 주셔서 감사합니다. 무엇을 도와 드릴까요?

Thank you for your waiting. What can I do for you?

谢谢您的耐心等待! 有什么可以帮助您的吗?

씨에씨에닌더나이신딩따이! 요우섬머크어이빵쭈닌더마?

お待たせして、申し訳ございません。ご用件は。

오마타세시테 모-시와케고자이마셍. 고요-켄와.

학습평가

1. 고객 접점 관리의 중요 요소가 아닌 것은?

① 정확성: 현장 직원들은 정확한 정보를 가지고 있어야 한다.

② 태도: 현장 직원들은 단정한 복장과 기본적 예의를 가지고 있어야 한다.

③ 고객 이해도: 고객이 원하는 것이 무엇인지 알아야 한다.

④ 여유 있는 대응: 천천히 행동하면서 고객의 대기 시간을 최소화하여야 한다.

⑤ 소통: 고객의 얘기를 경청하고 이해해야 한다.

2. 바른 대기 자세가 아닌 것은?

① 가슴을 쭉 펴고 어깨는 힘을 빼며 배는 힘을 주어 내밀지 않도록 한다.

② 목과 허리를 펴서 머리에서 발끝까지 일직선이 되도록 한다.

③ 팔은 자연스럽게 몸 옆으로 내리고 손은 손가락을 붙여 가볍게 오므려서 바지 재봉선 위에 놓는다. 두 손은 공수하여 공손한 자세를 취한다.

④ 시선은 정면을 향하고 바른 고개 위치에서 턱을 살짝 당긴다.

⑤ 간혹 고객이 없을 때는 직원 간의 잡담이나 진열장에 기대서 있는 행동을 해도 괜찮다.

3. 좋은 인사의 4가지 포인트와 관계없는 것은?

① 상대방이 다가올 때, 인사말을 먼저 하고 인사한다.

② 상대방이 먼저 인사를 했을 때, 더 반갑게 인사한다.

③ 복도, 계단을 지나칠 때, 간단히 예의를 표한 후, 적당한 거리에서 눈높이가 맞을 때 인사한다.

④ 인사 후 고객이 지나갈 수 있도록 자리를 약간 옆으로 비켜선다.

⑤ 좁은 장소, 화장실, 식당에서의 인사도 항상 정중례(45도)를 한다.

4. 방향을 안내하는 자세로 맞지 않는 것은?

　① 방향을 가리킬 때는 손가락을 가지런히 모아 바닥을 위로 하여 손
　　전체로 안내한다.

　② 왼쪽을 가리킬 때와 오른쪽을 가리킬 때 모두 오른손을 사용한다.

　③ 가까운 거리를 안내할 때는 팔꿈치를 구부린다.

　④ 먼 거리를 안내할 때는 팔을 펴서 안내한다. 이때 다른 한 손을
　　팔꿈치에 받치면 훨씬 공손한 자세의 모습으로 보인다.

　⑤ 손등이 보이거나 손목이 굽지 않도록 한다.

5. 고객과 상사를 서로 소개할 때 맞지 않는 것은?

　① 상사에게 고객을 먼저 소개한다.

　② 연소자를 연장자에게(다만 직위가 연령에 우선)

　③ 지위가 낮은 사람을 높은 사람에게

　④ 남성을 여성에게(다만 남성의 지위가 아주 높을 경우에는 여성을 먼저 소개)

　⑤ 한 사람과 여러 사람을 동시에 소개할 때는 한 사람을 여러 사람에게

6. 다음은 전화 받을 때의 요령이다. 옳지 못한 것은?

　① 고객의 정보를 얻을 때는 쿠션용어를 사용한다.

　② 소속과 이름을 밝힐 때 바쁜 업무 중이더라도 이름을 또렷이 밝힌다.

　③ 잘 모르는 내용이더라도 끝까지 책임지고 응대한다.

　④ 수화기는 왼손, 필기구는 오른손에 들고 메모할 준비를 취한다.

7. 다음 중 전화응대의 3원칙으로 올바르게 짝지어진 것은?

　① 신속-정확-친절　　　② 친절-정확-정성

　③ 신속-정확-정중　　　④ 신속-명확-정성

8. 통화를 잠시 중단해야 할 경우의 응대방법으로 올바르지 않은 것은?

① 확인이 필요할 때 "예, 확인해 드리겠습니다. 잠시만 기다려 주십시오."라고 말한다.

② 기다리는 시간이 1분 미만일 경우 군이 상황을 알려주지 않아도 된다.

③ 홀딩버튼을 이용하여 이쪽의 대화 내용이 들리지 않게 한다.

④ 다시 통화 시 "기다리시게 해서 죄송합니다."

9. 다음은 잘못 걸려온 전화의 응대방법이다. 옳지 않은 것은?

① 매번 잘못 걸려온 전화에는 고객이 찾는 곳의 전화번호를 알려준다.

② 이쪽이 잘못 걸었을 때는 상대편이 수화기를 놓은 뒤에 끊는 것이 에티켓이다.

③ 잘못 걸려온 전화에는 "여기는 ○○입니다. 그 매장으로 다시 걸어 주시겠습니까"라고 응대한다.

④ 다른 매장으로 갈 전화가 잘못 걸려왔을 때에는 연결하면서 그 매장의 직통 전화번호도 알려주도록 한다.

10. 3.3.3 법칙에 대한 설명 중 알맞은 것은?

① 3번 전화벨이 울리기 전에 받고 3번 맞장구를 치고 3초 뒤에 전화를 끊는다.

② 3번 첫인사를 하고 3분 이내로 통화하며 3초 뒤에 전화를 끊는다.

③ 3번 전화벨이 울리기 전에 받고 3분 이내로 통화하여 3초 뒤에 전화를 끊는다.

④ 3번 맞장구를 치고 3초 뒤에 전화를 끊고 3분 뒤에 확인전화를 다시 한 번 한다.

✎정답 Chapter **01**

01 ④　02 ⑤　03 ⑤　04 ②　05 ①　06 ④　07 ①　08 ②　09 ③　10 ③

연구과제

1. 관광서비스기업인 면세점은 판매직원의 인적서비스가 면세점을 선택하는 주요 속성이자 고객만족도에 긍정적인 영향을 미치는 핵심 요인으로 보고 있다.

   직원의 친절한 서비스마인드와 태도가 고객만족과 매출 향상에 미치는 영향에 대해 조사해 보고 자신의 경험에 입각하여 사례를 들어 제시해보시오.

Chapter

서비스맨의 역할

개 요

이번 Chapter에서는 면세점의 주요 업무 내용(면세점에서 판매되는 모든 상품의 국내 및 해외 구매업무를 담당하는 바이어 업무, 물류업무, 영업관리, 그리고 고객에게 직접 매장에서 상품 판매를 하는 판매 업무 등)과 면세상품을 판매, 관리하는 면세점 서비스 직원의 역할 그리고 고객경험관리에 대해 구체적으로 학습한다.

학습목표

• 면세점의 주요 업무에 대해 알 수 있다.
• 서비스맨의 역할에 대해 알 수 있다.
• 고객경험관리에 대해 알 수 있다.

목 차

서비스맨의 역할

2.1 면세점의 업무

면세점의 주요 직무는 브랜드 관리, 상품발주, 판매가, 매장 레이아웃 등을 관리 통제하는 MD와 영업점의 모든 일을 관리하는 영업기획/지원, 다양한 프로모션을 기획하고 실행하는 마케팅, 이외에도 경영지원, 기획 등 다양하다.

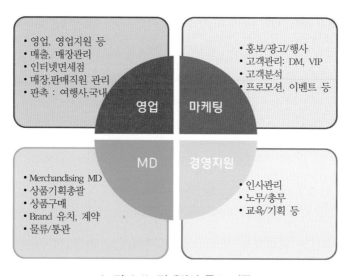

〈그림 2-1〉 면세점의 주요 업무

1) 영업관리

면세점 내 브랜드별 매출 실적관리 및 고객관리, 매장 직원관리 업무를 담당하며, 이를 통하여 각 매장에서 고객이 만족스러운 쇼핑을 할 수 있도록 돕는 중요한 역할을 담당한다. 현장에서는 고객 관리뿐만 아니라 판매를 담당하는 매장 직원의 서비스 능력을 수시로 모니터링하고 의견을 나누기도 한다. 직원의 서비스 능력을 모니터링할 때에는 매장에서의 자세, 고객서비스, 고객이 원하는 부분을 미리 파악하는 센스 등을 고려한다. 영업은 주로 면세점의 전체 매출을 점검하는 업무와 환율, 산업 트렌드, 국가별 고객의 특성 등을 분석하여 앞으로의 판매 동향을 예측한다.

2) 상품판매

상품판매 직무는 면세점을 찾는 내외국인 고객들에게 면세점 이용방법에 대한 안내 및 상품에 대한 설명, 판매 업무 등을 수행하여 고객들에게 즐거운 면세쇼핑 경험을 제공한다. 또한 해당 코너의 상품을 진열 · 관리하여 원활한 판매가 이루어지도록 하고, 매장판매 업무를 통해 고객 트렌드를 파악하고 유통업에 대한 이해도를 높일 수 있다.

3) MD(Merchandising)

MD는 면세점에서 판매할 상품에 대해 공간구성, 시기, 수량 등 상품구성을 기획하고, 상품을 확보하는 업무를 담당한다. 또한 이러한 다양한 상품구성의 차별화를 바탕으로 고객에게 가치를 전달하는 역할을 수행한다. MD는 상품기획, 구매업무를 담당하기에 국내외 업체와의 원활한 커뮤니케이션을 위한 외국어 구사능력 및 협상스킬, 분석력 등이 요구된다.

4) 마케팅

마케팅 직무는 회사의 매출 활성화를 위해 각종 행사를 계획하고, 면세점을 홍보하는 역할을 담당, 시즌별 전관 할인 행사를 기획, 실행하고 대외 홍보 업무(대외 언론사 및 매체 홍보 자료 배포, 촬영 협조, 언론 기사 스크랩)를 시행한다. 마케팅 직무는 광고모델 섭외와 계약, 광고물 촬영 업무를 진행하며, 광고모델 팬미팅 행사와 패밀리 콘서트 기획, 실행업무를 수행한다. 또한 동종업계 및 유통업계 시장조사 업무를 통하여 시장 상황을 분석하고 시장을 선도할 수 있는 창의적인 행사를 기획한다. 마케팅 직무는 각 영업점의 프로모션(구매금액별 증정 행사, 시즌 할인행사, VIP 초청행사)을 전체 총괄 기획하여 시행하기에 예리한 통찰력과 강한 추진력이 요구되고, 회사의 브랜드 이미지를 높이고 높은 매출을 달성할 수 있도록 여러 가지 아이디어를 도출해내고 시기에 맞는 행사를 시행할 수 있는 발빠른 대처능력 또한 필요하다.

5) 경영지원

경영지원 직무는 인사, 교육, 총무, 구매, 재경, 준법경영 등의 업무를 포괄하며 회사 경영상의 모든 지원업무를 담당한다. 기본적으로 각 영업점의 매출 증진과 영업이익 향상을 위한 지원적 업무를 수행하며, 회사 전반의 살림을 책임진다.

6) 물류관리

물류관리는 모든 상품의 흐름(입고, 출고, 반품 등)을 관리하는 업무로서 상품을 구입해 고객이 이용하는 매장까지 상품을 안전하게 공급하는 역할을 담당한다. 이를 위해서 상품의 통관업무, 입/출고, 재고관리 업무를 담당한다.

7) 보세

보세 업무는 시내면세점 및 인터넷점에서 고객이 구입한 상품을 고객이 지정한 출국일에 공항 출국장에서 고객이 받을 수 있도록 상품을 운송하고 전달하는 업무를 관리한다.

2.2 서비스맨의 역할

1) 면세점 서비스직원

우리나라 면세점을 찾는 외국인 관광객의 국적이 다양해짐에 따라 각국의 언어와 문화를 이해하는 경험자로 면세점 서비스직원들이 대거 신규 채용되고 있는 현실이다. 면세품 판매 외에도 외국인들에게 한류를 알리고, 대한민국의 이미지를 대변하는 민간외교관 역할까지 수행한다는 점에서 직원의 중요성이 부각된다. 고객과 상품에 대한 전반적인 지식이 풍부하기 때문에 서비스직원의 경쟁력이 회사의 경쟁력과 직접적으로 연결될 수 있다. 따라서 직원의 서비스가 브랜드 이미지와 고객의 매장 선택 행동에 중요한 영향을 미치며, 쇼핑고객의 만족을 결정하는 데 큰 영향을 미친다.

고객에게 서비스를 제공하는 일도 중요하지만 고객마다 각기 다른 니즈를 파악하여 그 고객에게 최적의 상품을 제안하는 컨설턴트로서 중요한 역할을 한다. 고객이 가지고 있는 문제점을 해결해주고 고객에 맞춘 응대 능력을 갖추며, 매장을 찾는 내외국인 고객에게 면세점 이용 방법에 대한 안내 및 상품에 대한 설명, 고객관리 등을 수행하여 고객에게 즐거운 쇼핑 경험을 제공한다.

2) 고객의 이해

- **우리의 핵심고객은 누구인가?**

  미래경영학자 피터 드러커(P. Drucker)는 저서 『경영의 실제』(The practice of Managerment)에서 "기업의 목적은 이윤추구에 있는 것이 아니라 고객 창출에 있으며, 기업의 이익은 고객만족을 통해서 얻는 부산 물"임을 강조하며 고객만족이 기업의 절대적 사명이라고 강조하였 다. 기업은 고객 없이는 그 존재 가치의 의미를 상실하게 된다는 것이다. 고객에게 만족을 제공하고 고객이 가치 있다고 여기는 일 을 어떤 방식으로 할 것인가를 고객 관점에서 생각하는 기업이 먼 저 성장할 수 있을 것이다.

- **구매결정은 어떻게 하는 걸까?**

  최근 소비자들은 개인의 구매 경험과 기억보다 제품 정보를 '검색' 하고, 다른 이들의 경험을 '공유'해 가며 살 물건을 결정한다. 비싼 제품일수록 구입 전 정보 검색량은 늘고, 싼 제품일수록 기억에 따 른 습관적 구매가 이뤄진다. 따라서 직원은 제품에 대한 충분한 정 보를 알고 있어야 고객의 구매 결정에 도움을 줄 수 있다.

- **고객이 상품을 구매하는 데 미치는 3가지 영향**

  ① 매장 내에 진열된 상품을 보고 구매한다.

  ② 판매사원의 추천에 의해 구매를 결정한다.

  ③ 매장 내의 다양한 디자인을 살펴보고 구매를 결정한다.

 구매 영향 요인(buying influence)

- 고객의 시선을 끌 만한 상품을 얼마나 매력적으로 진열하는가?
- 고객의 호감을 살 만한 상품을 세일즈맨이 얼마나 잘 추천하고 설명하는가?

2.3 Seller가 아니라 Helper가 되어라

세일즈맨은 '어떻게 팔까'를 고민하는 반면 구매자는 '어떻게 쓸까'에 집중한다. 구매해야 할 이유를 찾게 하고 매우 '구체적'으로 느끼게 하는 것이 중요하다. 고객의 충성도는 예전과 같은 '충성'이 아니라 '관계'에서 나오는 것이므로 고객과 끊임없이 소통해야 한다.

1) 팔지 말고 사게 하라

- 고객에게 얼마나 이익인지 정보를 제공하고, 강조하면 효과적이다.
- 고객에게만 드리는 특별한 혜택을 좋아한다.
- 직접 말하지 말고 물건을 살 수밖에 없는 상황을 만들어 보라.
- 어려운 전문용어보다 쉽게 말하도록 하라.
- 처음부터 끝까지 고객의 입장에서 질문하며 그 답을 찾아 나가라.

2) 구매율 높이는 전략

- 고객의 필요와 욕구를 적절한 타이밍에 자극하라.
- 설득력 있는 언어로 전달하라.
- 고객과 탄탄한 신뢰관계를 유지하라.
- 고객에게 부족한 2%까지도 채워주는 능력을 길러라.
- 고객만족도 증대를 통해 브랜드 이미지를 향상시키며 재구매율을 높이도록 하라.

2.4 고객의 경험을 관리하라

1) 고객경험관리(CEM)란?

최근 고객이 제품과 서비스를 경험하는 과정, 고객경험관리에 대해 관심을 가지는 기업이 늘고 있다. 고객경험관리(Customer Experience Management)는 제품이나 서비스에 대한 고객의 경험을 체계적으로 관리하는 프로세스를 의미한다. 즉 기업이 고객의 제품 탐색에서 구매, 사용 단계에 이르기까지 모든 과정에 대한 분석 및 개선을 통해 긍정적인 고객 경험을 창출하는 것이다. 따라서 많은 기업들이 제품과 서비스 차원이 아닌 경험을 판매하고자 노력한다. 고객경험관리의 핵심은 고객이 중요하게 생각하는 접점에서 기업과 고객이 긴밀한 유대관계를 맺는 방법을 마련하는 것이다.

이제 '브랜드는 고객 경험'

2011년 코카콜라는 시장조사 결과 호주의 10대를 비롯한 젊은 세대의 절반이 코카콜라를 마시지 않는다는 점을 알게 됐다. 이를 타개하기 위한 방법으로 코카콜라는 소셜 미디어(SNS)를 적극 활용한 'Share a Coke' 캠페인을 진행했다. 주 소비층인 10대 청소년 사이에서 가장 널리 쓰이는 이름 250개를 골라 제품에 새겨넣은 마케팅은 대성공을 거둬 111년 만에 4%의 매출 성장을 달성하게 됐다. 특히 애인, 친구, 가족, 직장 동료 등 주변에 전하고 싶은 메시지를 제품에 인쇄해 소셜미디어로 공유하는 이벤트는 하루 만에 11만 명이 참여하는 등 인기를 끌었다. 코카콜라가 개인화된 제품 경험을 제공하는 'Share a Coke' 캠페인은 제품과 서비스에 동참할 플랫폼을 새로 제공했다. 그 결과 코카콜라는 브랜드 내러티브나 구성을 사람들 마음속에 깊게 각인할 기회를 얻을 수 있었다.(출처: 매일경제 비즈니스 인사이트 안갑성 2018.5.22)

2) 고객경험관리의 성공 전략

① 고객의 경험 과정을 분석하라

기업이 고객경험관리를 수행하기 위해서는 무엇보다 고객의 경험 세계를 철저히 이해해야 한다. 고객이 과연 어떠한 경험 사이클을 가지고 있는지 정확히 알지 못한다면 고객가치를 제고할 수 있는 기회조차 얻을 수 없는 것이다.

 버진 애틀랜틱 항공사 고객경험관리

고객들의 비행 경험을 분석해 브랜드 가치를 높인 대표적인 사례이다. CEO인 리처드 브랜슨은 부임 이후 경영 시스템을 대폭 정비하고자 했다. 이를 위해 고객 경험을 분석했는데, 그 결과 항공기 예약에서 실제 비행까지 총 50여 단계로 나눌 수 있었다. 특히 긴 비행시간으로 인한 따분함이 문제가 되었는데 이를 개선하기 위해 기내에 쌍방향 오락 시스템, 마사지 등 엔터테인먼트 요소를 보강해 인기를 얻었다.
(출처: LG주간경제 경영정보 2006)

② 차별화된 경험을 디자인하라

기업이 고객의 경험 세계를 정확히 분석했다면 경쟁사 대비 차별화된 경험을 창조해야 한다. 스타벅스는 도심의 직장인들에게 매우 잘 어울리는 고객경험을 창출함으로써 고객에게 새로운 라이프스타일을 제시했다. 오늘날 스타벅스는 매장에서뿐만 아니라 도시생활자들의 일상 안으로 고객경험을 확장하고 있다.

③ 고객의 피드백을 반영하라

기업은 고객의 의견과 경험에 대한 평가를 적극적으로 반영해야 한다. 고객을 참여시킴으로써 독특한 판매 경험에 대한 실효성과 매력도를 증대시켜야 한다. 기업은 고객 피드백을 적극적으로 반영해 그들의 공감대를 이끌어낼 수 있다.

④ 일관되고 통합된 경험을 제공하라

다양한 접점을 통해서 고객 경험이 일관성 있게 제공되도록 기업 내부에서 경험의 질을 종합적으로 관리해야 한다.

3) 고객경험관리 사례

① 크리스피 크림이 성공을 이룬 비결

오늘날의 시장에서 브랜드는 고객의 일상과 연관성이 있어야 하고 유용해야 하며, 재미있어야 한다. 브랜드의 스토리텔링을 강조하기보다는 소비자를 초대해 그들 스스로 의미를 만들어 내도록 이끌어야 된다. 최근 고객의 경험은 새로운 가치 창출 수단으로 떠오르고 있다. 고객들이 '경험' 때문에 기꺼이 지갑을 열고 있는 것이다. 그러기 위해선 고객이 경험하는 장소에서 그 과정을 세분하여 쪼개 보는 것도 고객 경험을 잘 살펴볼 수 있는 하나의 방법이다.

1937년 미국 NORTH CAROLINA에서 시작하여 현재 세계 각국에서 매장을 운영하고 있는 크리스피 크림 도넛은 도넛만이 아니라 매장에서 느끼는 감성적인 친밀감을 줄 수 있는 총체적인 경험을 팔았다. 먼저 경쟁사와는 다른 특별한 가치를 제공하기 위해 고객 경험을 분석했다. 그 결과 고객들은 도너츠의 새로운 맛뿐 아니라 즐거운 구경거리에 대한 니즈가 매우 크다는 것을 알 수 있었다. 또 제조 과정의 위생 상태에 대해서도 궁금해 하고 있다는 것을 파악했다. 이에 따라 크리스피 크림은 '달콤한 도너츠, 도너츠 체험 그리고 즐거운 기다림'이라는 독특한 판매 경험을 디자인했다.

먼저, 도너츠 체험을 위해 매장마다 도넛이 만들어지는 과정을 고객들이 투명 유리를 통해 볼 수 있도록 해놓았다. 크리스피 크림은 즐거

운 기다림을 위한 새로운 경험도 창조했다. 크리스피 크림은 고객들이
매장에서 기다리는 동안 지루하지 않도록 따끈따끈한 도너츠 1개를 무
료로 주는 것으로 유명하다. 이러한 무료 샘플 전략은 자연스럽게 입소
문이 퍼지는 데 결정적인 역할을 했다.

〈사진 2-1〉 크리스피 크림 도넛

② 나이키가 제공하는 경험

이제 브랜드는 사람들이 특정한 문화나 라이프스타일을 연습할 수
있게 돕는 도구이다. 오늘날 고객들은 단지 브랜드를 써서 '그 무언가'
를 드러내지 않는다. 브랜드 시스템의 성공적인 기능은 '공간과 시간'
에 대한 세심한 관리에도 달려 있다. 고객경험관리의 핵심은 고객이 중
요하게 생각하는 접점에서 기업과 고객이 긴밀한 유대관계를 맺는 방
법을 마련하는 것이다.

나이키는 한정된 공간인 매장에서 산책로로, 농구장으로, 요가 스튜
디오로 더 넓은 공간으로 고객 경험을 제공하고 있다. 2016년에 오픈한
뉴욕 소호의 나이키 매장은 공간+디지털 체험이 합쳐져서 섬세한 고객
경험을 만들어 냈다. 나이키 다이렉트 투 컨슈머(Direct to Consumer) 사장
인 하이디 오닐(Heidi O'Neill)은 "상품을 판매하는 데 있어 사용자의 경험
이 더욱 중요해지고 있다. 그래서 우리는 매장 이상의 가치를 만들어
내기 위해 1:1 소비자 경험을 만들었다. 생동감 넘치는 매장 안에서 소

비자가 마라톤을 뛰는 농구를 하든, 디지털 체험과 전문가들이 모든 선수(고객)들의 잠재력을 높이 평가하는 중요한 터치포인트를 만들었다.” 이 건물은 총 5층으로 구성되어 있는데 층별로 나이키가 제공하는 경험이 다르다.

나이키는 2018년 LA 서부 멜로즈 거리(The Melrose Avenue)에 Live Store라는 새로운 콘셉트의 매장을 열었다. 라이브 스토어는 플러스 회원 전용으로 회원들에게 독특한 경험을 제공하기 위해 오프라인 매장에서 다양한 디지털 기능을 제공한다. 라이브 숍 내부 다이나믹 피트 존(The Dynamic Fit Zone)에서는 전문가(Nike Experts)로부터 나이키 제품을 이용한 스타일링 팁과 조언을 받을 수 있으며, 나이키 트라이얼 존(Nike Trial Zone)은 다양한 나이키 제품을 테스트해 볼 수 있다. 이처럼 나이키는 브랜드의 일관성 있는 경험 제공을 통해 브랜드를 강화하고 변화하는 트렌드와 유통환경에 주도적으로 대응하고 있다.

〈사진 2-2〉 나이키

학습평가

1. 고객경험관리(Customer Experience Management)의 내용과 맞지 않는 것은?

① 제품이나 서비스에 대한 고객의 경험을 체계적으로 관리하는 프로세스이다.

② 기업이 고객의 제품 탐색에서 구매, 사용 단계에 이르기까지 모든 과정에 대한 분석을 하는 것이다.

③ 고객의 제품 탐색 과정에 대한 분석, 개선을 통해 긍정적인 고객 경험을 창출하는 것이다.

④ 기업이 고객경험관리를 수행하기 위해서는 무엇보다 고객의 경험 세계를 철저히 이해해야 할 필요는 없다.

2. 고객경험관리의 성공 전략이 아닌 것은?

① 고객의 경험 과정을 분석하라.

② 단순화된 경험을 디자인하라.

③ 고객의 피드백을 반영하라.

④ 일관되고 통합된 경험을 제공하라.

3. 크리스피 크림이 성공을 이룬 비결과 관계없는 것은?

① 도너츠 체험을 위해 매장마다 도넛이 만들어지는 과정을 고객들이 투명 유리를 통해 볼 수 있도록 해놓았다.

② 고객들은 즐거운 구경거리는 관심 없고 도너츠의 새로운 맛에 대한 니즈가 매우 크다는 것을 알 수 있었다.

③ 먼저 경쟁사와는 다른 특별한 가치를 제공하기 위해 고객 경험을 분석했다.

④ 도넛만이 아니라 매장에서 느끼는 감성적인 친밀감을 줄 수 있는 총체적인 경험을 팔았다.

✎정답 Chapter **02**

01 ④   02 ②   03 ②

연구과제

1. 면세점(또는 브랜드)의 생존을 위해서 고객이 중요한 이유는 무엇인가?
   그리고 고객의 기대를 충족시키기 위해 기업과 직원은 각각 어떠한
   노력을 해야 하는가를 얘기해 보시오.

Chapter 03

세일즈 고수의 서비스
커뮤니케이션

DUTY
FREE

개 요

　고객과의 대화를 성공적으로 이끌기 위해서는 고객이 표현하는 언어적, 비언어적 메시지와 감정에 주의를 기울여 고객이 전하고자 하는 의도를 정확하게 이해하여 반응하도록 노력해야 한다.
　본 PART에서는 효과적인 서비스 커뮤니케이션 화법을 활용하여 고객만족 및 매출향상에 도움이 될 수 있는 판매실무를 구체적으로 학습한다.

학습목표

• 효과적인 서비스 커뮤니케이션 화법에 대해 알 수 있다.
• 매출향상에 직접 도움이 되는 화법을 배워 실무에 적용할 수 있다.

목 차

세일즈 고수의 서비스 커뮤니케이션

3.1 쿠션 화법

쿠션은 외부충격을 흡수해 부드럽게 해 주는 역할을 한다. 이렇듯 쿠션언어는 대화할 때 상황을 부드럽게 만드는 언어이다. 상대방에게 부탁이나 거절을 할 때 내용을 부드럽게 전달할 수 있도록 목적 앞에 붙이면 좋다. 상대에 대한 세심한 배려와 존중이 느껴지기 때문에 듣는 사람에게 존중받는 느낌을 줄 수 있다.

"괜찮으시다면, 제가 좀 더 자세히 설명을 해드려도 될까요?"

1) 쿠션언어

- 죄송합니다만, 다시 말씀해 주시겠습니까?
- 실례지만, 잠시만 기다려 주시겠습니까?
- 바쁘시겠지만, 안내데스크를 이용해주시기 바랍니다.
- 번거로우시겠지만, 계산은 카운터에서 해주시기 바랍니다.
- 어려우시겠지만,
- 괜찮으시다면,

이런 경우, 쿠션언어를 말의 앞에 붙여서 사용한다.

- 고객에게 무엇인가를 의뢰할 때나 고객이 원하는 것을 서비스하기 힘든 경우
- 고객에게 불가능하다는 말을 보다 기분 나쁘지 않게 표현해야 할 경우
- 다른 제안을 할 때
- 꺼내기 어려운 말을 하기 전 미안함을 먼저 표현할 때

3.2 맞장구 표현법

맞장구는 한마디로 상대가 더 즐겁게 말할 수 있도록 돕는 기술로, 흔히 리액션(reaction)이라고 한다. 상대방의 호감을 살 수 있는 대화의 가장 기초적인 요령은 상대방이 하는 이야기를 관심 있게 귀담아 듣고 있음을 표현하는 것이다. 맞장구는 상대에게 집중하고 있음을 나타내어 주는 표현이다. 누군가와 말을 할 때는 상대가 나의 말을 잘 듣고 있는지, 아닌지를 항상 확인하도록 한다. 상대가 나의 말을 파악하고 있는지, 혹은 관심 없어 하는지 알아야 다음 말을 진행할 수 있기 때문이다.

1) 맞장구 표현

- 공감 맞장구 ⇒ "고생하셨겠어요, 얼마나 힘드셨어요."
- 동의 맞장구 ⇒ "과연", "정말 그렇겠군요.", "말씀대로입니다."
- 정리 맞장구 ⇒ "그 말씀은 ~이라는 것이지요?"
  (고객의 말을 다시 한번 정리하면서 요약)

- 흥을 돋우는   ⟹   "그리고요?", "그래서 그 다음에 어떻게 되었습
  맞장구   니까?"

- 몸짓 맞장구   ⟹   고개 끄덕끄덕 / 갸우뚱 / 눈 맞춤

🌐 **적절한 맞장구는 대화를 촉진시키는 효과**

고객이 신나게 말하도록 하기 위해서는 적절한 맞장구가 필요하다. 고객이 한 말 중에서 가장 중요한 부분을 되풀이하여 말함으로써 대화를 촉진시키는 것이다.
- 고객: "선물을 사려고 하는데요."
- 직원: "네, 선물을 찾으시는군요. 혹시 어느 분에게 드릴 선물입니까?"

3.3 복창 화법

고객에게 좀 더 친절하고 빠르며, 정확한 업무를 제공함과 동시에 업무의 효율성을 증대시키기 위한 과정이며, 복창은 고객 요구의 재확인, 관심의 표현, 생각할 시간을 확보하는 데 도움이 된다.

1) 복창 확인 멘트

네, 고객님, +10월 1일 오전 10시 동경 아시아나 항공 출국+맞으십니까?
　(호응)　　　　　　　　　　　　　(복창 내용)

2) 복창이 필요한 경우

- 숫자, 금액확인 등은 복창하며 확인한다.
  (여권번호, 생년월일, 출국일자, 항공편 명, 결제금액 등)
- 질문의 핵심을 파악하여 복창하며 확인한다.

3) 복창 시 주의사항

- 고객의 얘기를 경청하며, 요약, 정리하며 듣는다.
- 고객과 눈 맞춤을 하면서 친근감 있게 미소 지으며 답변한다.
- 상체를 고객 쪽으로 약간 굽히며 고객의 질문에 확인 멘트를 한다.
- 복창 후에는 내용이 맞는지 편안한 표정으로 고객의 답변을 기다린다.

3.4 Yes, But 화법

고객의 말이나 의견에 먼저 동의(Yes)한 후, (But) 자신의 의견을 전달하는 화법이다. 같은 내용이라도 상대방의 말에 우선 긍정적인 표현으로 대하면서 다음에 자신의 의견을 나타내면 그 효과와 상대방의 태도는 전혀 다르게 나타난다. 고객과의 대화를 계속 진전해야 할 필요가 있는 경우 "아니요."라는 단어는 대화의 흐름을 끊거나 의견이 무시당한다는 느낌을 받을 수 있어 오히려 고객이 불만을 토로할 수 있다.

상대방이 하는 얘기에 '아니요'의 부정적인 'but'보다는, 긍정의 'yes'로 들어 준다. 그리고 나서 "그러나 내 생각은 이렇다"라는 식으로 진행이 되면, 그 대화는 대부분 성공으로 마무리된다.

yes, but 화법은 말 그대로 '예 맞습니다.(예, 일리가 있네요) 그런데 제 생각은…' 하면서 자신의 주장을 상대방에게 보여주는 화법이다.

1) Yes, But 화법 멘트

어쩔 수 없이 거절을 해야 하는 순간이나, 반론을 제기해야 하는 순간에도 한마디로 잘라서 "그건 안됩니다", "시스템상 불가합니다"로 시작하기보다는, 우선 "네, 고객님의 의견도 일리가 있지만~"으로 시작하여 고객의 의견을 존중하는 태도를 보여주도록 한다.

"네, 고객님. 그렇게 생각할 수 있겠네요, 그런데~"
"네, 고객님. 많이 불편하셨겠네요. 하지만~"
"네, 고객님의 말씀도 일리가 있습니다만, 제 의견은~"

2) Yes, But 화법 효과

- 자신의 의견을 좀더 부드럽게 말할 수 있고 당황하지 않고 응대할 수 있다.
- 고객의 말을 거절하면서도 고객이 판매직원에게 느끼는 호감은 그대로 유지할 수 있다.
- 거절을 해야 하는 순간이나, 반론을 제기해야 하는 순간에, 고객의 의견을 존중한다는 느낌이 전달될 수 있다.

3.5 아론슨 화법(-, + 대화)

미국 심리학자 아론슨이 연구한 화법으로서 고객응대 과정에서 부정과 긍정의 내용을 혼합해서 말해야 하는 경우, 부정적 내용을 먼저 말하고 나중에는 긍정적 의미의 언어로 제시하는 방식을 말한다. 사람은 짧은 문장의 대화에서 뒤쪽의 내용을 보다 잘 기억하고 중요하게 받아들인다. "품질은 최고지만 가격이 조금 비싸다"고 말하는 것보다, "가격은 조금 비싸지만 품질은 최고다"로 표현하는 것이 효과적이다.

1) 아론슨 화법 멘트

이 상품은 품질이 좋아, 판매가격이 인상되었습니다.

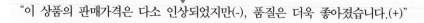

"이 상품의 판매가격은 다소 인상되었지만(-), 품질은 더욱 좋아졌습니다.(+)"

2) 아론슨 화법

장시간 대기고객에게 "보통 그 정도는 기다리셔야 합니다."

"대기시간이 좀 걸립니다만, 가능한 빠르게 진행하도록 하겠습니다."

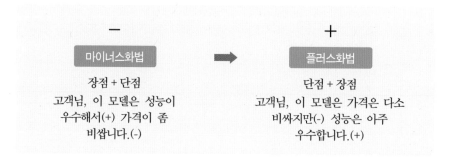

3.6 IF 화법

'IF'는 '만약에'를 의미하는 것으로, 불만이 있거나 문제를 제기하는 고객을 응대할 때 효과적으로 사용할 수 있다.

1) IF 화법 멘트

- 회원등급이 낮은 고객이 추가 할인에 대한 문의를 할 경우,

"고객님은 실버카드 회원이시라 추가 할인적용이 안 됩니다."

"현재 고객님의 카드는 10% 할인을 받으실 수 있는데, 만약 골드카드 회원이 되시면 15%까지 할인을 받으실 수 있습니다. 이번에 골드카드로 발급 받을 수 있는 방법을 알려드릴까요?"

- IF 화법에 긍정의 YES를 사용하여 YES IF를 사용하면 더 호감을 얻을 수 있다. 기분 나쁘지 않게 자신의 의견을 제시하면서 미처 생각하지 못했던 상황을 떠올리게 할 수도 있다.

ex) 팀장이 업무 지시를 하는 경우
   "이건 안 되는 일입니다. 말씀은 알겠지만…"

"예, 알겠습니다. 만약 이런 경우에는 어떻게 하면 좋을까요?"

3.7 레이어드(Layered) 화법

레이어드란 패션에서 여러 겹의 옷을 겹쳐 입는 것처럼 대화에서도 단순하게 한 번에 말하기보다 층을 만들어 말하는 화법이다. 반발 또는 거부감이 드는 명령적인 말투를 정중하게 의뢰형이나 청유형으로 표현하는 부드러운 커뮤니케이션 방식이다. 양해를 구하거나 어려운 상황일 때 효과를 발휘할 수 있다.

1) 레이어드 화법 멘트

ex) "뭐라구요? 다시 말해 주세요."

"죄송하지만 다시 한번 말씀해 주시겠습니까?"

2) 레이어드 화법

• 지시형보다는 청유형으로 표현한다.

- 지시, 명령형	- 청유형
———————— 하십시오.	——————— 해 주시겠습니까?
———————— 잠시 기다리세요.	——————— 잠시 기다려 주시겠습니까?
——————— 전화 주세요.	——————— 전화 주시겠습니까?
——————— 이렇게 하세요.	——————— 이렇게 해주시겠습니까?

• 부정형은 부드러운 표현으로, 대안을 제시하도록 한다.
  - "안 됩니다."(×)
    → "죄송합니다만~ 방법은 어떨까요?"
    → "바쁘시겠지만~ 부탁드립니다."

- "지금은 바빠서 안 됩니다."

  → "죄송합니다만, 지금은 어려우니 10분만 기다려 주시겠습니까?"

- "지금은 안 돼요."

  → "지금은 곤란하지만, 나중에 알아보고 연락드리겠습니다."

3.8 부메랑(Boomerang) 화법

고객이 가격이나 상품에 대한 불만을 표현할 때, 그 요인을 던지면 다시 되돌아오는 부메랑처럼 되돌려 말함으로써 반대, 거절요인을 구매요인으로 전환시키는 화법이다. 부메랑 화법은 고객의 견해나 사고를 바꿈으로써 고객이 들을 준비를 하게 하고 직원의 설명에 대한 수용도를 높여주게 된다.

1) 부메랑 화법 멘트

"가격이 너무 비싸 구입이 어렵다."

"가격이 좀 비싼 것이 이 제품의 특징입니다. 모두 수작업으로 제작되기 때문에…"

"살 때마다 절차가 너무 까다로운 것 같아 불편하다."

"절차가 까다로운 만큼 고객님의 정보를 안전하게 관리할 수 있어서 신뢰감을 가질 수 있다는 것이 장점입니다."

3.9 후광 화법

고객을 설득하기 위해 유명 인사나 긍정적인 자료를 근거로 고객의 반대 저항을 감소시켜나가는 심리적 화법으로, 후광효과를 활용하는 화법이다. 유명한 기업, 사람, 기관들도 우리의 상품(제품)을 인정해주고 있다는 사실을 제시함으로써 고객을 안심시키고 신뢰를 축적시키는 방식이다. TV프로그램에 소개된 제품, 유명 연예인이 쓰는 화장품 등 광고에서도 흔히 볼 수 있는 방법으로 권위와 신뢰를 높여 반대를 극복할 수 있는 화법이다. 이처럼 후광화법을 고객설득에 활용하기 위해서는 관련된 후광적 자료(유명 기업, 유명인사, 광고, 각종 자격획득증서, 미디어 자료) 등을 사전에 조사, 준비해 두어야 한다.

 후광 화법 멘트

"○○기업도 우리 고객입니다."
"그 유명한 ○○도 우리 브랜드 단골고객이십니다."
"소비자 품질 만족 대상 기업의 상품입니다."
"인기리에 방영되는 ○○드라마 협찬 상품입니다."
"최근 ○○프로그램에서 이 상품의 효과에 대해 언급했는데…"

3.10 신뢰 화법

　고객에게 신뢰감을 줄 수 있는 말을 사용하는 화법으로 말할 때 어미의 선택에 따라 신뢰감을 전달할 수 있는 화법이다. 고객과의 대화 중 부드러운 표현인 '요, 죠'체는 30~40%, 정중한 화법인 '다, 까' 체는 60~70%를 사용하는 방식이다. "이쪽으로 안내해드리겠습니다", "신속하게 해결해드리겠습니다." 등 책임감을 보여주며 고객에게 믿음을 줄 수 있는 화법이다.

1) 신뢰 화법 멘트

① 부드러운 표현은 30~40% 사용한다.

　"안녕하세요.", "그러셨어요.", "바쁘시죠?"

② 정중한 표현은 60~70% 사용한다.

　고객의 불안을 없애고 믿음을 주어야 할 대화에는 정중한 표현(~입니다. ~입니까?)이 더 신뢰감을 줄 수 있다.

　"가장 최근 신상품입니다", "카드로 결제하시겠습니까?"

　"제가 해 드릴게요" ⇒ "네, 제가 해 드리겠습니다."

　"알아봐 드릴게요." ⇒ "네, 바로 알아봐 드리겠습니다."

　　　　　　　⇒ "네, 제가 책임지고 해결해 드리겠습니다."

3.11 고객응대 시 주의해야 할 대화법

- 부정의 말

  "그렇게는 안 됩니다.", "저는 모르겠는데요."

  → "바로 확인해 드리겠습니다."

- 핑계의 말

  "담당자가 아니라서요", "지금 바빠서요."

  → "연락처를 남겨주시면 확인 후 바로 연락드리도록 하겠습니다."

- 무례한 말(고객의 말을 알아듣지 못한 경우)

  "다시 말해주세요", "뭐라구요?"

  → "실례지만, 다시 한번 말씀해주시겠습니까?"

- 냉정한 말

  "시스템이 본래 그래요", "그건 고객님 사정이죠."

  → "고객님 사정은 충분히 이해가 갑니다."

- 따지는 말

  "저희 책임이 아닙니다."

  → "담당자와 다시 한번 확인해보겠습니다."

- 권위적인 말

  "규정이 그렇게 되어 있습니다."

  → "안타깝지만, 회사규정이라 저희도 해드릴 수가 없네요."

- 무시하는 말(고객이 상품 취급방법을 잘 몰라 불평하는 경우)

  "고객님, 잘 모르시죠?", "이해하셨나요?"

  → "이 상품은 취급방법이 좀 까다로운데, 다시 설명해드릴까요?"

학습평가

1. 고객만족을 부르는 세일즈 화법 중 쿠션화법의 내용과 맞지 않는 것은?
   ① 쿠션언어는 대화할 때 상황을 부드럽게 만드는 말랑말랑한 언어이다.
   ② 상대방에게 부탁이나 거절을 할 때 내용을 부드럽게 전달할 수 있
   도록 목적 앞에 붙이면 좋다.
   ③ 상대에 대한 세심한 배려와 존중이 느껴지기 때문에 듣는 사람에
   게 존중받는 느낌을 줄 수 있다.
   ④ 고객에게 무엇인가를 의뢰할 때는 사용하지 않는 것이 좋다.

2. 아론슨 화법이 아닌 것은?
   ① 고객의 반대, 거절요인을 구매요인으로 전환시키는 화법이다
   ② 미국 심리학자 아론슨이 연구한 화법이다.
   ③ 고객응대 과정에서 부정과 긍정의 내용을 혼합해서 말해야 하는
   경우, 부정적 내용을 먼저 말하고 나중에는 긍정적 의미의 언어로
   제시하는 방식을 말한다.
   ④ 사람은 짧은 문장의 대화에서 뒤쪽의 내용을 보다 잘 기억하고 중
   요하게 받아들인다.

3. 신뢰 화법 내용과 관련 있는 것은?
   ① 고객을 설득하기 위해 유명인사나 긍정적인 자료를 후광효과를
   활용하는 화법이다.
   ② 상대의 말이나 의견에 먼저 동의(Yes)한 후, (But) 자신의 의견을
   전달하는 화법이다.
   ③ 고객에게 신뢰감을 줄 수 있는 표현을 사용하는 화법이다.
   ④ 고객이 가격이나 상품에 대한 불만을 표현할 때, 그 요인을 던지면
   다시 되돌아오는 부메랑처럼 되돌려 말하는 화법이다.

✍정답 Chapter 03

01 ④   02 ①   03 ③

연구과제

1. 직원의 상담능력은 고객만족에 매우 중요한 요소이다. 고객 니즈에
   맞는 서비스와 매출 향상을 위한 효과적인 세일즈 화법을 말하고, 사
   례를 들어 역할극을 진행해보시오.

Chapter 04

고객의 마음을 얻는 효과적인 경청

경청은 서비스접점에서 고객과의 호의적인 상호작용을 위해 사용할 수 있는 매우 중요한 커뮤니케이션 기법이다. 고객의 입장이 되어 적극적으로 경청하고 열린 마음으로 진실한 태도를 보이도록 노력해야 한다.

🌐 학습목표

• 경청의 중요성에 대해 알 수 있다.
• 효과적인 경청 방법을 배워 실무에 적용할 수 있다.

목 차

고객의 마음을 얻는 효과적인 경청

4.1 경청이란?

경청은 '관심을 갖고 고객의 말을 경청하며, 고객의 생각과 감정을 고객의 입장에 서서 이해'하는 것이다. 서비스접점에서 고객과의 공감대를 형성하고 고객 니즈(Needs)를 파악하는 데 사용할 수 있는 매우 중요한 커뮤니케이션 기법이다. 고객과의 대화를 성공적으로 이끌기 위해서는 고객이 표현하는 언어적, 비언어적 메시지와 감정에 주의를 기울여 고객이 전하고자 하는 의도를 정확하게 이해하여 반응하도록 노력해야 한다.

4.2 경청의 중요성

• 경청은 신뢰를 형성한다.
  - 고객의 말에 적극적이고 진지한 경청태도를 보이면 신뢰가 형성될 수 있다.
• 저항감을 감소시킨다.
  - 자신의 말을 주의깊게 들어주면 자연스럽게 마음을 열게 되어 상대방에게 적극적으로 자신의 생각을 털어놓게 된다.

- 말하는 사람이 자부심을 느낀다.
  - 따뜻한 관심을 가지고 이야기를 들어주면 고객은 스스로 흡족한 기분을 느낄 수 있게 된다.

 세일즈에서 가장 중요한 태도는 '경청(Listen)'

- 미국의 자동차 판매왕, 조 지라드(J.Girard)

  미국 쉐보레 자동차 영업사원이던 조 지라드는 1963년부터 1978년까지 16년간 총 1만 3,000대의 신차를 팔았다. 일일 평균 5대의 자동차를 판매했던 그는 하루 만에 자동차 18대를 팔아 치우기도 했다. 가장 많이 팔았던 해에는 연간 1,425대의 자동차 계약을 성사시켰다.

  자동차 명예의 전당에 오르기도 한 그도 자동차 세일즈맨이 된 후 처음 일 년 동안은 단 한 대의 차도 팔지 못했다. 그러다 자동차를 구매하겠다던 구매자가 다음 날 구매 거절을 하면서 한 말은 "당신이 오늘 내 말을 안 들어 줘서 나는 자동차를 사지 않기로 했다"는 것이었다. 조 지라드는 그 말을 듣고 충격을 받은 후 듣는 훈련을 열심히 했다. 이후 고객의 이야기를 들어주는 것으로 12년 동안 1만 3,000대(하루 평균 5대)의 자동차를 팔아서 12년 연속 기네스북에 오르는 주인공이 되었다. 그는 '세계에서 가장 위대한 세일즈맨'으로 기네스북에 오르기도 했다.

- 조 지라드의 '250명 법칙'

  조 지라드는 꾸준한 인간관계 연구를 통해 한 사람이 미칠 수 있는 인간관계의 범위가 250명이라는 사실을 발견하고 단 한 명의 고객을 만나도 250명을 대하듯 하였다. "한 사람에게 신뢰를 잃으면 그것은 곧 250명에게 고객을 잃는 것이다."라는 신념을 가지고 한 사람 한 사람을 극진히 대했다. 이러한 '조 지라드의 250명 법칙'은 고객들로부터 신뢰를 얻게 되었고, 그를 만난 고객들은 '충성 고객'이 되었으며, 이로 인해 조 지라드는 자신의 분야에서 최고가 될 수 있었다.

4.3 경청 기본 3단계

① 1단계: 눈맞춤과 끄떡임

- 눈으로 듣는다.
- 경청의 1단계는 상대방과 시선을 맞추는 Eye contact이다.
- 고객의 눈을 응시하는 것은 중요하면서도 기본적인 예의이다.
- 단, 너무 오래 쳐다보면 부담이 될 수 있으므로 5~6초마다 시선에 변화를 주도록 한다.
- 이야기에 공감할 수 있는 상황이 되면 가끔 고개를 끄덕이며, "이야기를 잘 듣고 있습니다."라는 무언의 신호를 보내는 것이 중요하다.

경청에 있어서 상대방의 말에 집중하기 위해서는 시선을 맞추고 고개를 끄덕이는 것과 같은 긍정적인 몸짓을 취하며 대화를 진행하는 적극적인 자세가 효과적이다.

② 2단계: 감탄사와 추임새

- 입과 마음으로 듣는다.
- 고객의 이야기에 공감이 되는 부분은 "아!, 네" 등의 공감적 감탄사를 표현한다.
- 같은 어감을 반복하는 것보다는 '음, 아, 네' 등을 적절히 섞어서 표현하는 것이 좋다.
- 맞장구, 질문, 복창 화법을 활용한다.
  - "아!, 저런!, 그렇군요, 어머!, 정말이요?"

③ 3단계: 긍정적인 호응 및 고객의 이야기 이끌어 내기

- 몸으로 듣는다.

- 고객의 이야기에 긍정적으로 호응하며 이야기를 이끌어 내는 것이다.
- 귀, 몸을 약간 앞으로 내밀며 진지하게 듣고 메모한다.
- 수긍, 찬성, 기쁨, 동정, 안타까움 등의 표정과 제스처를 취한다.
  - "네, 그렇습니다. 저도 그렇게 생각합니다. 좀 더 자세히 말씀 해주시겠습니까?"

몸을 다소 앞으로 기울인 자세를 취하고 고객에게 관심을 기울이면 자연스럽게 몸이 앞으로 향하게 되는데, 한층 상대의 마음을 편하게 해주어 고객의 이야기를 이끌어낼 수 있다.

 경청 3단계를 익힌 직원의 사례

고객과의 대화에서 긍정적으로 호응해주면 고객은 자신의 생각을 더 많이 이야기하게 된다. 대화가 진행될수록 공감대가 넓어지고 판매 확률은 당연히 높아지게 된다. 적극적인 경청으로, 고객은 스스로 더 많은 생각을 이야기하게 된다.

[A고객]
"친구가 지난번에 ○○에센스를 샀는데 정말 좋다고 하더라구요. 피부가 깨끗해진 것 같다고 추천해 줬어요."

예) 고객의 이야기보다 내가 하고 싶은 이야기에 집중하고 구매 권유를 하는 경우
[B직원]
그럼요, 기능이 얼마나 좋은데요, 지금 없어서 못 파는 상황입니다. 고객님도 이번 기회에 하나 구매하시죠.

[A고객]
사면야 좋겠지만, 너무 비싼 거 같아서…
이 제품 가격이 유난히 비싸 쉽게 사기가 그러네

예) 고객의 이야기에 적극적인 경청의 태도를 보이며 긍정적인 대화를 하는 경우
[C직원]
아, 네!. 그러시군요, 제가 더 기쁘네요.
친구분은 구체적으로 어떤 점이 더 좋아졌다고 하셨나요?

[A고객]
그동안 에센스는 별로 사용하지 않았는데, 사용 후에 피부가 오랫동안 촉촉하게 유지되고, 화장도 훨씬 잘 스며드는 것 같다고 했어요.

4.4 효과적인 경청

1 고객의 이야기에 집중하라.

2 기본에 충실한 경청을 하라.

- 끝까지 듣기
- 핵심 단어 복창, 요약 정리

3 피드백은 말로 하라.

경청

- 네, 그러셨군요.
- 맞아요, 이해합니다.
- 무슨 말씀인지 잘 알겠습니다.
- 현명한 선택을 하셨네요.

4 적절한 질문을 하라.

- 고객의 다음 이야기를 기분 좋게 재촉하기
  - 그래서 어떻게 되었습니까?
- 되묻기
  - 좀 더 구제적으로 말씀해주시겠습니까?
- 추가 정보 확인하기
  - 가족들도 같이 사용하려면 큰 사이즈가 좋다는 말씀이시죠?

5 숨은 뜻을 들어라.

4.5 경청 시 주의해야 할 태도

상대방의 이야기를 경청할 때 시선은 먼저 5~6초간 마주친 후 자연스럽게 시선의 변화를 주도록 하며, 시선이 줄곧 아래를 향해 있거나 초점이 없이 멍한 눈은 말하는 사람의 의욕을 떨어뜨리고 주변을 산만하게 만들기 때문에 삼가야 한다. 듣기와 말하기는 7:3의 비율로 하는 것이 좋다. 고객과의 대화를 통해 많은 정보를 얻을 수 있으므로, 최대한 얘기를 듣는 것이 중요하다.

※ 주의해야 할 경청 태도
- 대답을 안하거나 건성으로 듣는다.
- 눈을 쳐다보지 않고 무관심한 태도를 보인다.
- 팔짱을 끼고 듣거나 자신의 손, 손톱을 만지작거린다.
- 말을 중간에 끊는다.
- 말끝이나 실언을 트집 잡고 늘어지는 행동을 한다.
- 말하고 있는 중간에 말참견을 한다.
- 주위를 두리번거리고 시계를 자꾸 쳐다본다.
- 상대를 너무 뚫어지게 쳐다본다.

 대화의 Point(1, 2, 3화법)

1. 내 이야기는 1번 말하고,
2. 상대방의 이야기는 2번 듣고,
3. 상대방의 이야기에 3번 맞장구쳐라.

4.6 불만 경청 방법

고객 불만은 문제점 및 취약점을 개선하여 발전할 수 있는 기회를 줄수 있으므로, 고객의 입장에서 문제를 이해하고 접근하도록 노력해야한다. 고객의 불만 경청 순서와 방법은 다음과 같다.

※ **고객의 불만 경청 순서**
　① 사과한다.
　② 불편사항에 대해 공감 표현을 한다.
　③ 감정에 치우치지 않고 문제 해결에 초점을 맞춘다.
　④ 메모하며 조치를 약속한다.
　⑤ 2차 불만으로 확대되지 않도록 유의한다.
　⑥ 재발 방지를 위해 세심한 주의를 기울인다.

고객 불만 경청- HEAT 기법

- H(Hear them out): 고객의 말을 중간에 가로막지 않고 끝까지 경청한다.
- E(Empathize): 공감한다.
- A(Apologize): 사과한다.
- T(Take responsibility): 책임지고 해결방안을 검토한다.

학습평가

1. 면세점 서비스직원과 관계없는 것은?

① 면세품 판매 외에도 외국인들에게 한류를 알리고, 대한민국의 이미지를 대변하는 민간외교관 역할까지 수행한다는 책임감을 가진다.

② 고객과 상품에 대한 전반적인 지식이 풍부하지만, 직원의 경쟁력이 회사의 경쟁력과 직접적으로 연결되지는 않는다.

③ 직원의 서비스가 브랜드 이미지나 고객의 매장 선택 행동에 중요한 영향을 미치고 있다.

④ 직원의 서비스 품질은 쇼핑고객의 만족을 결정하는 데 가장 큰 영향을 미친다.

2. 고객 불만 경청 방법 중 HEAT 기법 내용이 아닌 것은?

① H(Hear them out): 고객의 말을 중간에 가로막지 않고 끝까지 경청한다.

② E(Energy): 열정을 가지고 듣는다.

③ A(Apologize): 사과한다.

④ T(Take responsibility): 책임지고 해결방안을 검토한다.

3. 불만 경청 방법과 맞지 않는 것은?

① 사과는 하고 메모는 하지 않는다.

② 불편사항에 대해 공감 표현을 한다.

③ 감정에 치우치지 않고 문제해결에 초점을 맞춘다.

④ 2차 불만으로 확대되지 않도록 유의한다.

✒️정답 Chapter 04

01 ②　　02 ②　　03 ①

연구과제

1. 경청은 '관심을 갖고 고객의 말을 경청하며, 고객의 생각과 감정을 고객의 입장에서 이해'하는 것이다. 서비스접점에서 고객과의 공감대를 형성하고 고객 니즈(Needs)를 파악하는 데 사용할 수 있는 매우 중요한 커뮤니케이션 기법이다. 사례를 제시한 뒤 경청 1단계부터 3단계까지 단계별로 경청 실습을 해 보시오.

2. 고객이 전하고자 하는 의도를 정확하게 이해하도록 하는 효과적인 경청 방법에 대해 이야기해 보시오.

성공률 높이는 세일즈 스킬

고객과 직원과의 관계가 매우 중요해진 현대사회에서 고객의 마음을 열고 구매 결정을 촉진할 수 있는 세일즈 스킬은 중요하다. 고객이 원하는 것이 무엇인지 정확하게 파악해야 고객의 니즈(Needs, 필요한 것)에 잘 대응하는 세일즈 전략을 세울 수 있다.

🌐 학습목표

- 고객을 사로잡는 세일즈 기술에 대해 알 수 있고, 매장에서 이를 적용할 수 있다.
- 고객의 요구를 파악하는 기법을 익혀 고객응대 시 적용할 수 있다.
- 열린 질문 / 닫힌 질문에 대해 이해하고 고객응대 시 효과적으로 사용할 수 있다.
- 상품의 특성 장점 이점 + 근거(3+1)표현기법을 학습한다.

목 차

성공률 높이는 세일즈 스킬

5.1 고객의 니즈(Needs) 파악

빠르게 변화하는 시장 속에서 기업이 살아남기 위해선 경쟁사의 실적이 아니라 고객이 진짜 필요한 것이 무엇인지 관찰해야 한다. 고객들의 마음을 사로잡기 위해 기존 고객에 대한 서비스를 강화하고, 개인 맞춤형 서비스에 집중해야 하며, 신속한 고객 대응 전략이 필요하다. 1939년 5월, 미국의 화학회사 듀폰(Dupont)이 신제품 나일론(Nylon) 스타킹을 처음으로 선보였다. 당시 듀폰사는 나일론을 '석탄과 공기와 물로 만들었는데 탄성과 광택이 비단보다 우수하다.'라고 소개했다. 반응은 폭발적이었다. 첫날에만 스타킹 80만 개가 판매되었고 나흘 동안 400만 개가 모두 소진됐다.

고객을 만족시킬 수 있는 고객의 요구사항을 '고객니즈(Customer needs)'라고 한다. 듀폰은 기존의 스타킹이 갖고 있던 기능적인 니즈는 물론 각선미를 돋보이게 하고 싶은 니즈, 과학이 낳은 최첨단을 누리고자 하는 니즈를 탄력 있고 광택 나는 혁신적 소재의 제품 안에 디자인하여 고객의 구매 욕구를 만들어 냈다. 여성 고객들은 스타킹을 사기 위해 상점이 문을 열기 몇 시간 전부터 길게 줄을 서 기다렸다. 이처럼 원하는 제품을 구입하기 위한 고객들의 기다림은 오늘날까지 이어지고 있다. 애플의 '아이폰(iPhone)'이 신제품을 출시할 때마다 밤을 새우며 기다리는 사람들의 모습은 이제 너무나 익숙하다. 이제는 첨단기술로 시장을 개척하는 데 성공한 기업이라도 고객의 니즈(Needs)을 제대로 파악, 분석하지 않으면 고객의 꾸준한 사랑을 기대하기 어렵다.

고객이 원하는 것이 무엇인지 정확하게 파악해야 한다.

고객이 원하는 것이 무엇인지 정확하게 파악해야 고객의 니즈(Needs, 필요한 것)에 잘 대응하는 비즈니스 운영 전략을 세울 수 있다.
예를 들면, 오피스 주변의 카페는 테이크 아웃하는 고객들을 위해 빠른 주문과 음료 제조 기술이 필요할 것이고, 초등학교 근처 주택가에 위치한 카페라면 아이들을 데려다 주고 방문하는 어머니들의 니즈에 맞게 편안한 좌석과 간단한 디저트나 브런치 메뉴를 준비하는 것이 좋을 것이다.

1) 니즈 파악이 중요한 이유

고객의 니즈를 제대로 파악하고 이에 잘 부합하는 상품을 추천함으로써 성공적인 판매를 이끌어낼 수 있다. 이를 위해서는 고객이 원하는 것이 무엇인지 정확히 파악하는 것이 핵심이다. 매장을 방문했거나 전화로 문의해 온 고객이라면 구매 의사가 있는 경우가 대부분이다. 이런 경우 당연히 상품이 필요해서 방문했을 것이라는 생각보다 '왜 이 상품을 사러 왔는지'에 대한 것을 파악하여 제대로 된 해결책을 제시하는 것이 중요하다. 이런 경우 개방형 질문→고객의 니즈 파악→공감→해결책 제시 순서로 판매한다.

 고객의 니즈를 파악하지 못한 경우

A고객은 이번에 취업한 아들의 양복을 사기 위해 백화점을 찾았다. 고가, 중저가 제품이 섞인 매장에서 옷을 보면서 중저가 브랜드에 초점을 맞춰 점원에게 여러 가지를 문의했다. 그런데 점원은 자꾸만 40~50만 원대의 비교적 고가 브랜드에 초점을 맞춰 설명하고 권유했다. 중저가는 품질이 이렇고 저렇고 단점을 설명하는 것이었다. 중저가 브랜드를 구매하고 싶어하는 고객의 니즈를 파악하지 못해 결국 A고객은 다른 매장으로 가버렸다.

5.2 닫힌 질문(폐쇄형 질문) VS 열린 질문(개방형 질문)

1) 열린 질문으로 고객 니즈 탐색하기

열린 질문(개방형 질문)은 고객이 갖고 있는 생각이나 의견, 성향 등을 파악하기 위한 질문으로 생각을 이끌어 내기에 좋은 질문이다. 그래서 고객은 자연스럽게 자신의 생각을 이야기하게 된다. 닫힌 질문(폐쇄형 질문)은 질문했을 때 대답이 '예' 또는 '아니요'로 나오는 단답형으로 짧은 사실적 답변을 하게 하여 정보를 한정하는 질문형태이다.

2) 고객의 니즈를 탐색하는 방법은

① 닫힌 질문 ┤ 구체적이거나 특정한 부분의 정보를 필요로 할 때, 혹은 예, 아니요 / 단답형의 대답을 요구하는 질문이다.

> 직원: "화장품 보시나요" – 고객: "네"
> 직원: "이 디자인 예쁘죠?" – 고객: "네"

② 열린 질문 ┤ 좀 더 많은 정보나 상황 파악을 할 때, 자유로운 의사 타진 및 대화를 촉진하고자 할 때, 의문사를 사용하여 질문한다. (누가, 언제, 어디서, 무엇을, 어떻게 등)

> 직원: "어느 분이 사용하실 건가요?"
> 고객: "여자 친구에게 선물하려고 하는데요~"
> 직원: "어떤 종류의 상품을 찾으십니까?"
> 고객: "여드름 치료용으로 찾는데요"

〈그림 5-1〉 질문기법

3) 닫힌 질문 VS 열린 질문

전년대비 매출이 감소된 매장의 경우 판매직원에게 그 이유에 대해 질문하는 좋은 방법은 무엇일까? 열린 질문과 닫힌 질문을 통해 그 효과를 알아보자.

- 닫힌 질문(폐쇄형 질문)

  "올해 적극적인 고객응대를 했는가?"(예, 혹은 아니요, 라는 대답 가능)
  ⇒ 고객 응대를 적극적으로 안 하고 있다는 질책으로 들린다.

- 열린 질문(개방형 질문)

  "앞으로 매출 실적을 올리려면 어떤 노력이 필요하다고 생각하는가?",
  "객단가를 올리려면 어떻게 하면 좋겠나?"(다양한 의견을 제시하는 대답
  가능)
  ⇒ 평소의 생각을 정리해서 말하게 되며, 자신이 말한 것에 대한 실행 의지
  는 상사의 일방적인 지시에 의한 것에 비해 훨씬 크다.

5.3 니즈 파악을 위한 질문의 효과

고객을 응대할 때 판매직원은 소비자들이 어떤 종류의 제품에 대해 숨겨진 욕구가 있는지 파악하는 것이 중요하다. 이를 위해서는 소비자의 욕구, 즉 '니즈(Needs)'를 이해해야 한다. 소비자들은 자신들의 니즈를 충족시키기 위해 다양한 제품을 비교한 뒤 신중하게 선택하기 때문이다. 하버드 대학의 제럴드 잘트만 교수는 "말로 표현되는 고객의 니즈는 5%에 불과하다. 95%는 숨겨져 있다"고 말했다. 숨어 있는 95%의 고객의 니즈를 파악하기 위해서 다양한 방법으로 최적화된 질문을 활용한다. 질문에는 단순한 정보교환 이상의 효과가 있다.

- 답을 얻을 수 있다.
  고객에게는 생각할 시간이 주어지고 직원에게는 행동할 수 있는 반경이 정해진다.
- 생각을 자극한다.
  대답이 가능한 현실적인 질문을 하면 고객의 생각을 자극할 수 있다.
- 정보를 얻는다.
  필요한 고객의 핵심 정보를 얻게 된다.
- 통제가 된다.
  질문은 사람을 논리적으로 만들기 때문에 감정이 통제되고 대화의 방향을 이끌 수 있다.
- 마음을 열게 한다.
  질문을 통해 고객과 공감하고 고객의 마음을 열게 한다.
- 귀를 기울이게 한다.
  관심 분야에 대한 질문을 통해 고객이 귀 기울이게 한다.
- 답하면서 설득이 된다.
  질문에 대해 답을 하면서 고객 스스로 설득이 된다.

5.4 고객의 니즈(Needs)를 파악하는 SPIN 기법

세일즈 성공에 있어 '고객이 원하는 것은 무엇인가'를 찾아낸다는 것은 더할 나위 없이 중요하다. 그러나 고객이 무엇을 원하는지 찾아내기는 쉽지 않은 일이다. 이때, 질문은 고객의 마음을 읽을 수 있는 방법 중 하나이며, 질문을 통해 고객의 잠재된 니즈를 확인하고 현재 고객이 필요로 하는 바를 도출해낼 수 있다. 간단한 질문으로도 다양한 고객의 정보와 이야기를 얻을 수 있으며 질문은 고객과의 대화를 이끌어나가는 힘을 갖고 있다.

세계적 세일즈 컨설팅 회사인 '허스웨이트'는 고부가가치 제품과 서비스 판매를 위한 효과적인 상담 스킬에 대한 연구를 시작하여, 행동분석 기법을 적용해 50개 업종에 걸쳐 35,000여 건의 영업상담 사례를 분석하였고, 6,000여 건의 세일즈 상담을 직접 동행해서 관찰하였다. '허스웨이트'의 연구조사 결과는 이후 GE, Kodak, Xerox, Volvo, Motorola 등 수많은 기업을 대상으로 7년간 현장 검증을 거치면서 체계화되어 오늘날 전 세계에서 가장 성공적으로, 가장 광범위하게 사용되는 세일즈 방법이다.

세일즈를 성공시키는 데 활용했던 대표적인 4가지는, 고객 Needs 개발 유형의 머릿글자를 따서 SPIN이라고 한다. SPIN 질문법에는 Situation Question(상황질문), Problem Question(문제질문), Implication Question(시사질문), Need-payoff Question(해결질문)이 있다.

〈표 5-1〉 S.P.I.N 기법

Situation Question	상황질문	•고객의 현재 상황에 대한 사실과 배경을 수집한다. •중요한 정보 배경, 사실을 수집하는 역할을 하지만 너무 잦은 질문은 고객을 지루하고 짜증 나게 할 수 있으므로 지나치게 사용하지 않는다. - 고객님이 사용하실 상품을 찾으시나요? - 찾으시는 시계가 있으십니까?
Problem Question	문제질문	•고객의 문제, 현재의 불만과 어려운 점이 무엇인지 묻는다. •고객에게 잠재 Needs를 스스로 말하도록 유도한다. - 현재 착용하신 시계는 어떤 아쉬움이나 문제점이 있으신가요? - 피부에 어떤 트러블이 있으신가요?
Implication Question	시사질문	•고객이 느끼는 작은 불만이나 문제점을 끌어내어 그 심각성을 확대하는 질문 - 햇빛이 강한 날에는 눈 보호를 위해 선글라스를 쓰셔야 하는데, 지금 선글라스가 그런 기능이 없다면 자외선 차단에 효과적인 제품으로 보여드릴까요?
Need-payoff Question	해결질문	•문제해결을 위한 방법을 제안하여 고객의 현재 요구를 확인한다. - 중국에서도 판매되고 있는 브랜드여서 AS문제는 걱정하지 않으셔도 되는 상품인데 자세히 보여드릴까요? (중국인 고객) - 피로 개선에 도움을 줄 수 있는 제품으로 추천해 드릴까요?

1) SPIN 기법을 활용하여 고객의 니즈를 파악하는 사례

〈표 5-2〉 SPIN Selling 기법 활용(화장품 매장)

상황질문	찾으시는 상품이 있으신가요? 고객님이 사용하실 건가요?
문제질문	피부 타입이 건성, 지성 중 어떤 타입이세요? 민감성 피부라면 저자극 보습 스킨을 바르고 계신가요?
시사질문	겨울에는 피부가 건조해져서 보습 제품을 쓰지 않으면 가려움증이 생길 수 있는데 지금 어떠신가요? 고농축 보습 제품으로 사용해 보시겠어요?
해결질문	최근 젊은 여성 고객에게 인기 있는 피부 미백크림이 있는데, 그 상품으로 추천해 드릴까요?

※ 상황질문(Situation Question)은 고객의 현재 상황을 파악하기 위한 질문으로 지나치게 자세한 질문은 불쾌감을 줄 수 있기 때문에 주의해야 한다.

5.5 고객을 설득하는 FABE 기법

상품 설명의 효과를 높이기 위해 주로 사용되며, 상품 설명 시 판매하는 제품의 기능과 장점뿐만 아니라 고객이 얻을 수 있는 혜택과 이점을 강조한다. 상품이나 서비스를 가장 효과적으로 설명하고 고객을 설득하는 기법 중 하나이며, 제품을 고객에게 설명함에 있어서 제품의 특장점을 고객의 개인적 관심, 욕구, 이해관계 등과 연계하여 효과적으로 설명, 이해시킴으로써 판매를 성공적으로 이끄는 체계화된 판매기법이다.

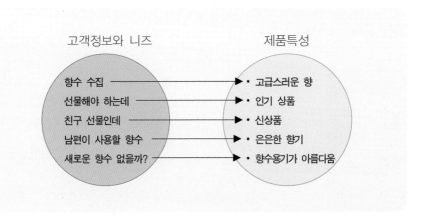

〈그림 5-2〉 고객 니즈에 맞춘 제품특성 설명 예시

Features(특징)	Advantages(장점)
추천하려는 상품의 객관적인 특징(크기, 소재, 기능 등)	해당 상품의 장점 중 구매결정에 가장 영향을 미치는 사항 (가격, 디자인, 편의성 등)
Benefits(이점)	Evidence(증거)
상품이나 서비스의 기능과 특성이 작용하여 사용자에게 제공하는 혜택	상품을 사용하여 얻은 결과에 대한 증거

〈그림 5-3〉 FABE 기법

〈표 5-3〉 FABE 기법을 활용하여 고객을 설득하는 사례(식품 매장)

특징/기능 (Feature)	추천하려는 상품의 객관적인 특징(크기, 소재, 기능 등)을 설명한다.
	"○○브랜드의 비타민C는 하루 1알로 피로회복에 도움이 됩니다."
장점 (Advantage)	해당 상품의 장점 중 구매결정에 가장 영향을 미치는 사항(가격, 디자인, 편의성, 등)을 2~3가지로 압축하여 설명한다. 상품이나 서비스의 기능이 경쟁상품 및 기존 상품보다 유리한 점을 안내한다.
	"우리 비타민C는 물이 필요 없고 캔디처럼 드실 수 있어서 언제 어디서든 편리하게 복용 가능합니다."
이점 (Benefit)	상품이나 서비스의 기능과 특성이 작용하여 사용자에게 제공하는 혜택을 강조한다. 고객이 제품이나 서비스를 사용함으로써 얻을 수 있는 이익, 만족, 기대, 성과, 혜택을 강조하여 설명한다.
	"하루 1알로 타사의 2알에 비하여 1일 비용이 적게 듭니다."
근거/증거 (Evidence)	상품을 사용하여 얻은 결과에 대한 증거에 대해 설명한다. 고객의 수준에 따라 전문성을 조절하여 설명의 증거를 제시한다.
	"그래서 우리 비타민C는 수험생이나, 촬영이 많은 배우들이 단골입니다."

5.6 설득력을 높이는 상품제안 3+1 표현기법

1) 3+1 표현기법(특성·장점·이점+근거)

'고객에게 어떻게 팔 것인가'가 아니라 '고객이 이 상품을 왜 사야 하는가'라는 관점에서 고객에게 구매동기를 효과적으로 자극할 수 있도록 설명하는 방법이다.

(1) 특성(Feature/Characteristic)

상품 고유의 성질이며, 기능, 사양, 소재, 특징 등을 의미한다. 특성에 대해 설명을 들은 고객은 상품에 대한 믿음을 갖게 되고 논리적으로 이해하게 된다.(고객의 반응: '음, 그렇구나. 이런 상품이구나!' 등)

① **기술**
    최초의 저온공법(숙성, 원심분리)으로 진세노사이드뿐만
    아니라 다양한 홍삼유효성분들이 균형있게 구성되어 건
    강에 도움이 됩니다.
② **원료**
    홍삼근 함량을 증대(75%)하였습니다.
③ **맛**
    홍삼 고유의 부드러운 맛과 향이 우수하고 쓴
    맛이 낮아졌습니다.

〈그림 5-4〉 3+1 표현기법을 활용한 상품 설명(홍삼정)

(2) 장점(Advantage)

상품의 특성과 기능이 갖는 탁월함과 차별점을 의미한다. 장점에 대한 설명은 어떤 차별화를 보여줄 수 있는지를 중심으로 설명한다.(고객의 반응: '음, 좋은데! 사면 괜찮을 것 같아...' 등)

(3) 이점(Bebefit)

이점이란 제품을 사용해서 고객이 얻는 이익이나 혜택을 말한다. 이점은 특징에 의거하며, 구매자는 제품의 특징보다는 이점을 보고 제품을 구매한다. 상품에 대한 이점 설명은 가장 중요한 표현기법이며 고객이 상품과 서비스를 구매하는 결정적인 이유이다. 상품을 사용했을 때 고객이 무엇을 얻게 되는지, 어떤 도움이 되는지 등을 설명한다. 상품의 이점을 설명하면서 구입하지 않았을 때의 불만족까지 언급할 수 있다면 설득효과가 크다.

⇒ **고객의 반응**: "음, 이 상품을 사면 나에게 이런 이익이 있겠구나!", "이번에 안 사면 나중에 후회할지도 모르겠구나!" 등

이점(Bebefit) 찾아보기 (예) 비타민C 제품

특성/장점	이점
1. 포도당	• 피로회복
2. 비타민 B_1, B_2, B_6	• 눈의 피로완화, 두뇌활동
3. 비타민C	• 면역력을 키워 감기 예방
4. 콜라겐	• 혈관 깨끗이
5. 자일리톨	• 우리 몸의 혈관, 뼈, 치아 등의 성장과 재생에 중요한 성분
6. 수분증발 막아줌	
7. 먹기 편하다	• 피부 촉촉, 기미·주근깨에 좋다.
8. 맛이 좋다	• 약 싫어하는 아이들에게 추천
9. 보관편리 등	• 집, 직장 책상 위에 둘 수 있다.

특성	이 상품은 보습성분의 함량이 많아서,
장점	건조한 피부에 촉촉함을 더해 줍니다.
이점	사용해 보시면, 피부가 좋아져 더 젊어 보인다는 애기를 들으실 겁니다.

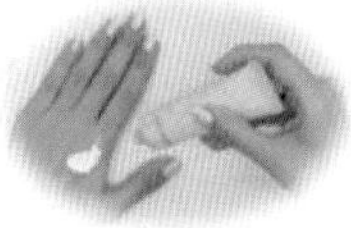

〈그림 5-5〉 화장품의 특성 · 장점 · 이점 연결표현

실습 5-1

앞의 화장품 사례를 참고하여 상품 하나를 선정한 후, 특성/장점/이점으로 구분하여 설명해 보시오.

(4) 근거(evidence)

특성, 장점, 이점의 표현이나 설명들이 과연 믿을 수 있는지를 뒷받침해주는 개념이다. 상품이 좋음을 주장하며 구매를 제안할 때는 그에 합당한 객관적 사실과 증명이 있어야 하며, 상품의 특성, 장점, 이점을 설명할 때는 근거가 필요하다. 이를 위해서는 각각의 내용을 뒷받침할 수 있는 연구와 훈련을 해야 한다. 근거에는 분석 및 통계자료, 논문, 연구자료, 보도자료 등이 있을 수 있다. 이 상품의 기술이 업계 최초인지, 경쟁상품과 어떤 것이 다른지, 경쟁 상품에 비해 어떤 것이 좋은지에 대한 설명이 근거로 뒷받침되면 실질적인 효과를 발휘하는 데 도움이 된다.

〈그림 5-6〉 상품표현과 3+1 기법의 구분 및 내용

5.7 객단가(고객 1인당 평균 매입액) 높이는 질문기법

1) 고객에게 구매동기를 효과적으로 자극할 수 있도록 질문한다.

　　(예: 주유소)

직원: 얼마만큼 넣어드릴까요? 고객: 3만 원이요.		직원: 가득 채워드릴까요? 고객: 예. 가득 넣어주세요.

실습 5-2

신속하게 매출을 올리는 비결을 알아보고, 아래 상품을 사례로 설명해 보시오.

①아이 에센스　　②립&아이리무버

2) '연관 진열'로 매출 UP

서로 연관된 상품을 가까운 곳에 진열해서 고객이 함께 구매하도록 하는 진열기법으로 종류는 다르지만 서로 관계가 있는 제품을 한데 모아 진열하는 방식을 말한다.

'연관 진열'은 소비자들의 동시 구매 욕구를 자극하기 때문에 매출 신장에 큰 도움이 된다. 효과적인 상품진열을 위해 최근에는 고객의 심리, 동선 그리고 빅데이터 분석을 통해서 과학적인 방법에 의해서 상품을 진열하고 있다.

 사례

- 라면 코너에 라면을 끓일 수 있는 양은냄비가 함께 진열
- 정육 매장에 요리책이 꽂혀있고 돼지고기 옆에는 쌈장과 찌개용 묵은지가 함께 진열
- 여름 바캉스 용품 패키지 진열(선크림, 선글라스, 모자, 양산, 마스크팩 등)

실습 5-3

연관 진열로 매출을 올리는 사례를 알아 보시오.

학습평가

1. 열린 질문과 닫힌 질문 내용이 아닌 것은?

　① 질문했을 때 대답이 '예' 또는 '아니요'로 나오는 것이 닫힌 질문이다.
　② 열린 질문은 상대방이 생각을 더 해보게 되고 자유롭게 의견을 말
　　할 수 있도록 한다.
　③ 닫힌 질문은 생각을 이끌어 내는 좋은 질문이다.
　④ 자유로운 의사 타진 및 대화를 촉진하고자 할 때 열린 질문을 사용한다.

2. 고객의 니즈를 파악하기 위한 SPIN 기법 내용이 아닌 것은?

　① 상황질문 - 현재 고객의 환경, 구매 경험 등을 파악한다.
　② 문제질문 - 고객의 문제, 어려움, 불만 등을 묻는다.
　③ 주변질문 - 현재 상황의 결과나 영향에 대해 구체적으로 묻는다.
　④ 해결질문 - 문제해결 방법을 제안하여 고객의 니즈를 확인한다.

3. 고객을 설득하는, FABE 기법 내용과 관계없는 것은?

　① Feature - 추천하려는 상품을 판매원의 주관적인 생각으로 설명(크기,
　　소재, 기능 등)
　② Advantage - 해당 상품의 장점 중 구매결정에 가장 영향을 미치는 사항
　③ Benefit - 상품이나 서비스의 기능과 특성이 작용하여 사용자에게
　　제공하는 혜택
　④ Evidence - 상품을 사용하여 얻은 결과에 대한 증거

4. 상품표현과 3+1 기법 내용과 맞지 않는 것은?

① 특성 – 상품과 서비스의 일부, 그 자체, 기능

② 장점 – 특성과 기능의 역할, 고객이 느낄 긍정적인 측면

③ 이점 – 판매사원을 통해 얻게 되는 이익, 도움

④ 근거 – 내용을 뒷받침해 줄 수 있는 객관적 사실

✍정답 Chapter **05**

01 ③   02 ③   03 ①   04 ③

연구과제

1. 고객 니즈와 특성, 장점, 이점을 결합한 맞춤형 표현기법에 대해 설명하고, 한 가지 상품을 선정 후 세 가지 표현기법(특성, 장점, 이점)을 결합하여 설명해 보시오.

Chapter 06

고객 불만 처리와 문제해결

개 요

　고객 불만은 고객을 만족시킬 수 있는 최선의 기회이고 향후에도 고객관계를 지속할 수 있는 적절한 회복의 기회가 될 수 있다. 이번 PART에서는 불만고객 응대 단계별 화법 및 응대 노하우를 학습한다.

학습목표

• 화난 고객의 심리를 알고 응대하는 스킬을 배운다.
• 불만고객 응대 단계별 화법 및 응대 노하우를 학습한다.
• 불만고객을 케어하는 방법을 배워 현장에 적용할 수 있다.

목 차

고객 불만 처리와 문제해결

6.1 불만고객 응대 기본자세

고객 불만은 개인과 조직의 문제점 및 취약점을 개선하여 발전할 수 있는 기회를 줄 수 있으므로, 고객의 입장에서 문제를 이해하고 접근하도록 한다. 고객이 규정에 벗어나거나 다른 고객을 불쾌하게 할 수도 있는 요구를 할 때는 정중하게 거절할 줄도 알아야 한다. 다만 직원의 잘못된 응대태도로 인해 고객 불만으로 확대되는 것을 예방하기 위해서는 직원의 사려 깊은 표현방법과 대화 스킬이 요구된다.

1) 불만고객 응대 기본자세

(1) 고객 불만에 맞대응하지 않는다.

고객 불만은 직원에게 개인적인 감정이 있어서 화를 내는 것이 아니라 매장 관련 업무 처리에 대한 불만으로 불명확한 규정과 제도에 대하여 불만을 가지고 화를 내 는 것으로 이해하고 고객 불만고객에게 맞대응하지 않으며 감정의 동요를 일으키지 않아야 한다.

(2) 책임감을 가지고 고객 불만을 처리한다.

매장 조직 구성원의 한 사람으로 매장 내에서 발생한 고객 불만사항이 다른 사람이 업무 처리한 결과로 발생한 불만이라도 책임감을 가져야 한다. 고객 불만이 나에 관한 사항이 아니라고 책임을 회피한다면 매장 직원으로 한계가 있고 고객 불만은 더 늘어나게 된다.

(3) 감정을 통제하여야 한다.

고객 불만을 지혜롭게 해결하기 위해서는 자신의 감정을 드러내지 않고 감정을 통제하여야 한다. 불만고객으로부터 상처를 받거나 기분이 상하는 말을 듣더라도 말에 대한 감정을 드러내지 않는다.

(4) 불만고객의 입장에서 생각한다.

매장 직원으로서 고객의 마음에서, 고객의 입장에서 생각하고 접근해야 불만고객의 마음과 생각을 이해할 수 있을 것이다. 불만고객에게 관심을 가져주고 호감을 가질 때 불만고객에게 다가갈 수 있고 호감을 가지게 된다. 그래야만 매장 내에 발생하는 고객 불만을 쉽게 처리할 수 있게 된다.

(5) 불만고객의 말을 들어준다.

고객보다 더 많은 말은 불만고객의 입장보다 자신의 입장을 먼저 전하려는 것이기 때문에 고객을 더 화나게 하는 경우가 있다. 가급적이며 고객이 불만을 이야기할 때에 이를 들어 주는 것이 고객의 불만을 빨리 해결해 주는 지름길이 될 수 있다.

🌐 고객응대 시 피해야 할 대화법

① **부정의 말**
 "그렇게 안 됩니다.", "저는 담당이 아니라 모르겠는데요."

② **핑계의 말**
 "지금 바빠서요.", "제가 한 일이 아니라서요."

③ **단호한 표현**
 "저희 책임이 아닙니다.", "규정이 그렇게 되어 있습니다."

④ **무시하는 말**
 "고객님이 잘 몰라서 그런 거 같은데요~", "시스템이 안 되는 겁니다."

⑤ **따지는 말**
 "그건 고객님 책임이지요.", "그렇게 말씀드리지 않았는데요."

6.2 불만고객 응대의 중요성

1) 기본적인 자세

고객이 만족할 경우에는 재방문 및 재구매와 긍정적 구전이 일어나고, 불만족할 경우에는 이탈 및 부정적 구전이 발생한다. 고객 불만의 원인은 사소한 것에서부터 발생하는 것이 대부분이므로 기본에 충실하는 것이 중요하다. 직원의 불친절한 말투나 서비스 태도에 의해서도 발생하며, 고객이 기대했던 수준에 미치지 못하는 서비스가 제공되었을 때 발생하기도 한다.

① 고객이 기대하는 것은

- 신속한 처리
- 문제의 해결
- 개인적인 배려
- 정중한 사과

담당자와 상의해서 바로 처리해 드리겠습니다.
무슨 말씀이신지 이해가 갑니다.
저 같아도 화가 났을 겁니다.
고객님 상황을 이해할 수 있습니다.

② 불만고객 응대 시 금기사항

- 무표정
- 규정 제일
- 변명(발뺌)
- 냉담
- 거만

안 돼요.
저는 잘 모르겠어요.
규정이 그래요.
부를 때까지 기다리세요.

6.3 고객 불평 처리의 원칙

매장 직원이 고객 불만 처리를 귀찮게 여기거나 회피하기보다는 긍정적이고 적극적인 자세로 임하여 이를 고정 고객확보 및 판매 증진의 기회로 이해하는 것이 바람직하다. 고객 불만에 원만하게 대응했을 때 고객과의 관계가 더욱 돈독하게 되어 매장의 고정 고객으로 바뀌는 경우도 많이 있기 때문이다.

1) 고객이 불만을 얘기할 때에 변명하지 않고 사과한다.

- 고객이 불만을 이야기할 때 고객 입장에서 정중한 사과의 말을 건넨다.
 "네…. 고객님, 죄송합니다. 무슨 말씀이신지 이해가 갑니다."

2) 낮은 톤으로 작게 말한다.

- 고객이 흥분해서 목소리가 격앙되어 있기에 낮은 톤으로 조용하면서도 침착하게 대화를 한다.
 "고객님, 불편을 드려 다시 한번 죄송합니다.
 많이 불편하셨을텐 데 빨리 조치할 수 있도록 확인해보겠습니다."

3) 문제가 쉽게 해결되지 않으면 장소와 사람과 시간을 바꾸어 본다.

 "신속한 조치를 취할 수 있도록 담당자와 연결해드려도 괜찮으시겠습니까?"

 고객의 불평 처리

먼저 고객의 불평을 적극적으로 경청하는 태도에서부터 시작이다. 정중한 사과, 불평 원인 규명, 불평의 해결책·대안에 대한 고객의 만족 여부 확인의 5단계로 진행한다.

4) 불만 해결을 위한 5단계 응대기법

① 1단계: 사과 & 경청
- 정중한 사과가 최우선이다.
- 공손한 자세로 끝까지 경청한다.
- 중요한 사항은 메모하도록 한다.
- 고객과 언쟁하지 않도록 한다.

② 공감 & 감사
- 충분히 이해하고 공감한다.
- 고객의 항의 내용에 대해 인정한다.
- 잘못된 부분은 인정하고 신속하게 사과한다.
- 문제점을 지적과 해명 기회준 점에 감사한다.

③ 원인, 분석
- 질의응답을 통해 정보를 확보한다.
- 확보한 정보를 통해 원인을 규명한다.
- 고객입장에서 대책을 강구한다.
- 대안을 찾는 적극적인 모습을 보인다.

④ 해결방안 & 대안제시
- 고객이 납득할 해결방안을 제시한다.
- 고객입장에서 설명한다.
- 해결에 대한 확실한 약속을 한다.
- 불가능한 부분은 최대한 정중하게 설명한다.

⑤ 신속한 처리 & 감사 인사
- 불만사항에 대한 처리 결과를 신속하게 안내한다.
- 고객의 만족 여부를 확인한다.
- 고객의견을 반영한 개선 의사와 감사 표현을 한다.
- 다시 한번 정중한 사과를 한다.

6.4 고객 불평 처리의 MTP 기법

1) 고객 불평처리의 MTP 기법

원칙적으로 문제는 당사자가 해결해야 하지만, 많은 고객은 책임자와 문제 해결을 하기 원한다. 문제해결이 어려울 경우 책임자가 해결을 돕도록 한다. 긴 시간이 걸릴 것 같은 판단이 서거나 다른 고객의 시선을 많이 집중시킬 경우에는 정중한 응대로 고객을 다른 장소로 안내한다. 고객 상담실에서 책임자가 사과를 하고 차를 접대하며 화를 가라앉힐 시간을 주는 것도 좋다. 이 과정에서 해결 실마리를 찾게 된다.

MTP(Man, Time, Place) 기법은 불평고객의 응대 기법 중 하나로 고객 불평이 발생한 경우, 응대하는 사람(Man)과 응대 시간(Time), 응대 장소(Place)를 바꿔 해결하는 기법이다.

① Man: 누가 처리할 것인가?

② Time: 언제 처리할 것인가?

③ Place: 어디서 처리할 것인가?

🌐 불만고객응대 3변법(MTP)

M(Man): 고객을 응대하는 사람을 바꿔준다.
T(Time): 응대하는 시간을 바꿔준다.
P(Place): 응대하는 장소를 바꿔준다.

〈출처: NCS국가직무능력표준〉

6.5 불만고객 응대화법

1) HAAC 모델

H(Hear): 고객의 불만을 정중하게 경청한다.

A(Acknowledge): 잘못된 설명은 인정한다.

A(Answer): 자신있게 응답한다.

C(Confirm): 고객에게 다시 한번 확인한다.

① H(Hear): 고객의 불만을 정중하게 경청한다.

- 공감적 경청 리액션
- 불만 내용 명확히 파악(+메모)
- 끼어들지 않기
- 내용 요약하기

- 아!..../ 네…
- 예, 그런 일이 있으셨어요?
- A를 구매하셨는데 B가 왔다는 말씀이시죠?

② A(Acknowledge): 잘못된 설명은 인정한다.

- 고객의 속상한 마음에 대한 공감
- 사실에 대한 인정
- 감정의 인정

- 연휴라 구매 상품이 한꺼번에 몰려서 배송에 착오가 있었던 것 같습니다.
- 고객님, 당황하셨죠
- 제가 고객님이라도 화가 충분히 났을 것 같습니다.

③ A(Answer): 자신있게 응답한다.

- 정식으로 사과
- 적절한 해결책 제시
- 이유 설명과 해결책은 고객이 선택하게

- 고객님, 정말 죄송합니다.
- 주문 상품이 많아서 착오가 있었나 봅니다.
- 고객님, 괜찮으시다면 비용을 환불해 드리도록 할까요?
- 지금 바로 알아보고 다시 배송해 드려도 괜찮으시겠습니까?

④ C(Confirm): 고객에게 다시 한번 확인한다.

• 문제해결이 만족스러운지 확인 • 추가 문의사항 확인 • 고객의 만족도 확인	• 혹시 다른 불편사항은 없으셨나요? • 저희 시스템을 이해해 주셔서 감사합니다. • 말씀해 주셔서 저희도 문제점을 시정할 수 있었습니다. 감사합니다.

 문제해결이 만족스러운지 확인 추가방법

– 고객님, 더 궁금한 것 있으신가요? ————— "있나?.."

– 고객님, 더 궁금한 것은 없으신가요? ————— "네, 없어요." (○)

실습 6-1

1. HAAC 모델을 활용하여 불만고객 응대 사례를 실습해 보시오.

• H(Hear): 불만 경청

• A(Acknowledge): 사실 or 감정 인정

• A(Answer): 해결책/보상책 응답

• C(Confirm): 만족도 확인

2) HEAT 기법

H: Hear them out(경청하기)

불만고객을 포함 모든 고객을 대할 때 고객의 말을 중간에 가로막지 않고 끝까지 경청한다.

E: Empathize(공감하기)

고객의 불만을 잘 들어주고 충분히 이해하고 있음이 전달될 수 있도록 깊이 공감한다.

A: Apologize(사과하기)

경청과 공감 후 중요한 것은 진심어린 사과이다. 고객의 불만을 충분히 공감해 준 뒤 사과를 할 수 있도록 한다.

T: Take responsibility(해결방안 제시)

회사 규정 내에서 책임질 수 있는 범위 안에서 고객이 납득할 수 있는 해결방안을 제시한다.

실습 6-2

HEAT 기법을 활용하여 고객의 불만 사례를 들어 순서대로 진행해 보시오.

H : Hear them out	
E : Empathize	
A : Apologize	
T : Take responsibility	

6.6 무리한 요구를 하는 고객 응대법

고객이 규정에 벗어나거나 다른 고객을 불쾌하게 할 수도 있는 요구를 할 때는 정중하게 거절할 줄도 알아야 한다. 다만 직원의 잘못된 응대 태도로 인해 고객 불만으로 확대되는 것을 예방하기 위해서는 직원의 사려 깊은 표현방법과 대화 스킬이 요구된다.

① 고객의 입장에서 듣고 공감한다.

② 규정이나 이유를 충분히 설명하여 고객이 이해할 수 있도록 한다.

③ 조심스러운 태도와 말투로 고객이 거부감을 느끼지 않도록 유의한다.

④ 적절한 대안이 있을 경우에는 대안을 제시한다.

⑤ 적극적으로 양해와 협조를 구한다.

⑥ 직원의 권한으로 해결하기 어려울 경우에는 상위 직급자 또는 책임자의 도움을 받는다.

⑦ 고객에게 지속적인 관심을 기울인다.

6.7 고객과의 문제상황 발생 시 응대 매뉴얼 마련

매뉴얼을 만들어 고객응대 근로자를 보호하기 위한 조치를 자체적으로 시행하는 것이 필요하다. 고객응대업무 매뉴얼은 문제행동 고객에게 어떻게 대응할 것인지 그 원칙과 기준을 미리 정해놓음으로써 근로자를 보호하기 위한 것이다.

1) 수행방법

① 고객응대업무 매뉴얼 마련
- 고객응대업무 매뉴얼을 마련하여 즉각적인 대처를 도모한다.
- 작성된 매뉴얼을 근로자에게 주지시켜 문제 발생 시 신속하게 대처할 수 있도록 교육·훈련한다.

② 매뉴얼에 포함되어야 할 내용
- 보호조치와 응대 멘트
- 고객응대업무로 인한 문제 상황 발생 시 구체적인 대응지침
- 구체적인 사례를 바탕으로 한 처리 절차
- 고객응대근로자 건강보호를 위한 사후조치
- 근로자 불이익 금지 및 보호 원칙

③ 매뉴얼의 주요내용 교육 및 사후관리
- 문제 발생 시 필요한 대응지침 및 사후처리 절차를 교육한다.
- 사후처리 절차에 대한 개선 의견에 귀를 기울인다.
- 사후처리 현황 점검 및 개선안을 마련한다.
- 형사처벌 등 법적 조치 현황을 검토한다.
- 근로자 보호체계에 대한 검토 및 보완대책을 마련한다.

학습평가

1. 불만고객 응대 기본자세가 아닌 것은?

　① 고객 불만고객에게 맞대응하지 않으며 감정의 동요를 일으키지
　　않아야 한다.

　② 다른 사람이 업무 처리한 결과로 발생한 불만이라도 책임감을 가
　　져야 한다.

　③ 불만고객으로부터 상처를 받거나 기분이 상하는 말을 듣게 되면
　　말에 대한 감정을 드러내도 괜찮다.

　④ 불만고객의 입장에서 생각한다.

2. 고객 불평 처리의 원칙이 아닌 것은?

　① 고객이 불만을 얘기할 때 변명하지 않고 사과한다.

　② 낮은 톤으로 조용하면서도 침착하게 대화를 한다.

　③ 회사의 시스템 문제임을 강조한다.

　④ 문제가 쉽게 해결되지 않으면 장소와 사람과 시간을 바꾸어 본다.

3. 고객 불평처리의 MTP 기법과 관계없는 것은?

　① Man　　　　　② Time

　③ Peace　　　　④ Place

4. 불만고객응대 시 고객이 기대하는 것이 아닌 것은?

　① 신속한 처리　　② 문제의 해결

　③ 개인적인 배려　④ 규정 제일

✎정답 Chapter 06

　01 ③　　02 ③　　03 ③　　04 ④

연구과제

1. 불만고객 응대 시, 사람(Man), 시간(Time), 장소(Place)를 바꾸어 컴플레인
   을 처리하는 방법이 무엇인지 설명하고, 사례를 들어 순서대로 진행
   해 보시오.

2. 불만 해결을 위한 5단계 응대 기법을 설명하시오.

고객응대 근로자의 감정노동 관리

DUTY
FREE

개 요

감정노동이란 직업상 고객을 대할 때 자신의 감정이 좋거나, 슬프거나, 화나는 상황이 있더라도 사업장(회사)에서 요구하는 감정과 표현을 고객에게 보여주는 등 고객응대 업무를 하는 노동을 말한다. 회사가 감정노동 종사자의 직무스트레스 관리에 관심을 갖고, 회사 경영방침에 해당 노동자의 건강보호에 대한 사항을 명시해야 함을 알고, 고객응대 근로자 보호 관련 규정에 대해 학습한다.

학습목표

- 감정노동의 정의를 이해한다.
- 감정노동자보호법에 대해 학습한다.
- 감정노동관리 및 대처 방안을 배워 현장에 적용할 수 있다.

목 차

고객응대 근로자의 감정노동 관리

7.1 감정노동이란?

1) 감정노동

　고객응대업무란 주로 고객, 환자, 승객 등을 직접 대면하거나 정보통신망 등을 통하여 상대하면서 상품을 판매하거나 서비스를 제공하는 업무이다. 고객응대업무 과정에서 자신의 감정이 좋거나, 슬프거나, 화나는 상황이 있더라도 사업장에서 요구하는 감정과 표현을 고객에게 보여주는 등을 해야 하는 경우를 '감정노동'이라 한다(한국산업안전보건공단, 2016).

　말투나 표정, 몸짓 등 드러나는 감정 표현을 직무의 한 부분으로 연기하기 위해 자신의 감정을 억누르고 통제하는 일이 수반되는 노동을 말하며, 주로 고객, 환자, 승객, 학생 및 민원인 등을 직접 대면하거나 음성 대화 매체 등을 통하여 상대하면서 상품을 판매하거나 서비스를 제공하는 고객응대업무 과정에서 발생한다.

　일반적으로 감정노동에 종사하는 직종은 항공기 승무원, 콜센터 상담사, 호텔 및 음식점 종사자, 백화점 및 할인점 등의 판매 업무 종사자로 알려져 있다. 최근에는 요양보호사나 보육교사 등 돌봄 서비스를 수행하는 업무, 공공서비스나 민원 처리를 하는 업무까지 광범위하고 다양한 직업군에서 감정노동을 수행하는 것으로 나타나고 있다.양한 직업군에서 감정노동을 수행하는 것으로 나타나고 있다.

〈표 7-1〉 감정노동 직업군 분류

구분	직업군
직접 대면	판매직원, 호텔 직원, 음식업 종사원, 항공사 승무원, 골프장 경기보조원, 미용사, 택시 및 버스기사, 금융기관 종사원 등
간접 대면	콜센터 상담원 등
돌봄 서비스	요양보호사, 간호사, 보육교사, 특수교사 등
공공서비스, 민원처리	구청(민원실)·주민센터 직원, 공단 직원, 사회복지사, 일선 경찰 등

(출처: 한국산업안전보건공단)

7.2 감정노동 종사자 건강보호 조치

1) 기업은 감정노동 종사자 보호를 경영방침으로 설정하는 것이 필요하다.

• 감정노동 종사자 건강보호를 경영방침에 명시하고, 회사가 감정노동 종사자의 직무스트레스 관리에 관심을 갖고, 회사 경영방침에 해당 노동자의 건강보호에 대한 사항을 명시한다. 이와 같은 회사의 경영방침을 전 노동자에게 공지하여 노동자가 알 수 있도록 한다.

• 노동자와 함께 직무스트레스에 대해 논의하고 보호대책 등을 결정할 수 있는 구조를 만들면 더욱 효과적으로 관리할 수 있다.

• 관련 예산 및 프로그램을 마련하고, 감정노동 종사자의 건강보호를 위해 예산을 편성하고 집행한다.

2) 감정노동 실태를 파악 후 스트레스 완화방안 마련이 필요하다.

• 감정노동 수행 실태를 파악하고 감정노동의 유형, 부서별 고객응대 업무내용, 고객응대 업무량을 조사한다.

- 기본적인 실태파악을 위해 부록에 제시된 양식을 활용할 수 있고, 사업장의 필요에 따라 수정·보완하여 사용할 수 있다.
- 고객의 유형을 파악하여 고객응대 업무별로 물리적 폭행, 폭언, 과도한 요구 등을 하는 고객의 유형을 부록에 제시된 양식을 참조하여 파악하고, 유형별로 대응할 수 있는 방안을 마련한다.
- 법률적으로 문제가 되는 고객의 유형이 있고, 법률상 범죄에 해당되지는 않지만 이와 같은 행위가 반복적으로 일어날 때 법률적으로 문제가 되는 유형으로 전환될 가능성이 있으므로 사전에 이를 파악하도록 한다.

3) 부당한 요구 시 서비스가 중단될 수 있음을 안내한다.

- 정상적이지 않고, 비합리적인 방법으로 무리한 요구를 하는 고객의 행동을 통제하고, 이로 인해 직원들이 피해를 보지 않도록 하는 것이 필요하다. 부당한 요구를 하는 고객을 통제할 수 있음을 사전에 고객에게 알려 무리한 요구를 하지 않도록 예방하는 것이 필요하다.
- 전화로 고객을 상대하는 경우에는 고객이 무리한 요구나 욕설을 할 경우 직원이 먼저 전화를 종료할 수 있음을 고객에게 알린다.
- 상습적으로 폭력을 행사하는 고객에게 사전에 안내하여 법적인 문제가 될 수 있음을 알린다.
- 폭언, 성희롱을 방지하기 위한 회사의 적극적인 노력과 의지를 보여주는 캠페인을 전개할 수도 있다.
- 회사 내에서 욕설, 폭언, 성희롱을 행하는 고객에 대하여 출입제한 등을 할 수 있음을 규정에 명시하고, 이를 고객들의 눈에 잘 띄는 곳에 게시한다.

4) 고객과의 갈등을 최소화하기 위한 업무처리 재량권을 부여한다.

- 현장에서 발생하는 문제에 대해 즉각적으로 대응하거나 처리하여 고객이 과잉 행동에 이르지 않도록 업무 담당자에게 공식적인 재량권을 부여해주는 것이 필요하다.
- 지나친 요구나 부적절한 언어를 사용하는 고객과 통화하는 경우 사전 경고를 한 후 전화를 끊을 수 있도록 하는 등 업무를 중단할 수 있는 권한을 준다.
- 고객의 부당한 요구와 폭행 등에 대해 방문노동자를 포함한 감정노동 종사자 스스로 대처하고 자기를 보호할 수 있는 권한을 준다.
- 고객의 요구를 신속하게 해결해 줄 수 있는 권한이나 재량권을 감정노동 종사자에게 부여한다.

7.3 고객응대 업무로 인한 스트레스 관리

1) 정신적 건강문제 발생

- 겉으로는 웃지만 우울증이나 적응장애가 발생할 수 있다.
- 고객으로부터 받은 감정적 상처로 자살 충동이 일어날 수 있다.
- 자기 비하를 하거나 자아 존중감이 떨어질 수 있다.
- 자신의 억눌린 감정을 해소하지 못하면 화병(신체증상을 동반한 우울증)에 시달리거나 업무에서 소진(消盡)을 경험할 수 있다.

2) 신체적 건강문제 발생

- 스트레스가 지속되면서 심장이 빨리 뛰고, 혈압이 높아진다.
- 실제 감정과 다른 감정을 반복적으로 표현하면서 피로감이 증가한다.

- 고객응대를 위해 지속적으로 서 있는 자세를 취하거나 불안정한 자세를 유지하므로 요통 등 근골격계 질환이 발생할 수 있다.

3) 건강하지 못한 생활습관 형성

- 흡연, 음주 등의 불건강한 생활습관을 갖게 될 수 있다.
- 스트레스로 인해 숙면을 취하지 못하고, 불규칙적인 생활을 하게 된다.

4) 산업재해 발생

- 고객의 반복적인 제품 구매와 취소에 시달리던 판매원이 폭언과 폭행을 당하고도 사과까지 한 이후 적응 장애가 생겨 업무상 질병으로 인정받은 사례가 있다.
- 전화 상담을 하다가 우울증에 걸린 직원에 대해 노동자 보호 의무를 다하지 않은 책임을 물어 법원에서 회사에 손해배상을 판결이 있다.
- 대형마트에서 고객으로부터 폭언을 듣고 정신적 스트레스를 호소한 직원이 고객과의 갈등으로 적응 장애가 유발돼 산업재해로 인정받은 사례가 있다.

5) 기업의 이미지 하락, 이직률 증가 및 생산성 저하

- 적절한 건강보호 조치를 이행하지 않을 경우 기업의 이미지가 손상될 수 있으며 특히, 사회적 문제로 대두될 경우 해당 기업의 제품과 서비스에 대한 불매운동으로 이어져 기업은 경제적인 타격을 받을 수 있다.
- 직업에 대한 만족도가 떨어지면서 이직률이 증가하고, 업무숙련도가 낮은 직원이 많아져 실적이 감소할 수 있다.
- 일에 대한 스트레스가 높아지면서 업무 몰입도가 낮아지고, 직무만족도가 떨어져, 결근율이 높아지고, 질병 발생자가 증가하여 업무 효율성이 낮아지게 된다.

7.4 고객응대 근로자 보호 관련 규정
(고객의 폭언 등으로 인한 건강장해 예방조치)

1) 산업안전보건법 제41조

① 사업주는 주로 고객을 직접 대면하거나 「정보통신망 이용촉진 및 정보보호 등에 관한 법률」에 따른 정보통신망을 통하여 상대하면서 상품을 판매하거나 서비스를 제공하는 업무에 종사하는 근로자(이하 "고객응대근로자"라 한다)에 대하여 고객의 폭언, 폭행, 그 밖에 적정 범위를 벗어난 신체적·정신적 고통을 유발하는 행위(이하 "폭언 등"이라 한다)로 인한 건강장해를 예방하기 위하여 고용노동부령으로 정하는 바에 따라 필요한 조치를 하여야 한다.

② 사업주는 고객의 폭언 등으로 인하여 고객응대근로자에게 건강장해가 발생하거나 발생할 현저한 우려가 있는 경우에는 업무의 일시적 중단 또는 전환 등 대통령령으로 정하는 필요한 조치를 하여야 한다.

- 필요한 조치 의무 위반 시 1천만 원 이하의 과태료 부과(제175조)

③ 고객응대근로자는 사업주에게 제2항에 따른 조치를 요구할 수 있고 사업주는 고객응대 근로자의 요구를 이유로 해고, 그 밖에 불리한 처우를 하여서는 아니 된다.

- 불이익 조치 시 1년 이하의 징역 또는 1천만 원 이하의 벌금(제170조)

2) 산업안전보건법 시행령 제41조

산업안전보건법 제41조 제2항에서 "업무의 일시적 중단 또는 전환 등 대통령령으로 정하는 필요한 조치"란 다음 각의 조치 중 필요한 조치를 말한다.

- 업무의 일시적 중단 또는 전환
- 「근로기준법」 제54조 제1항에 따른 휴게시간의 연장
- 법 제41조 제1항에 따른 폭언 등으로 인한 건강장해 관련 치료 및 상담 지원
- 관할 수사기관 또는 법원에 증거물·증거서류를 제출하는 등 법 제41조 제1항에 따른 고객응대근로자 등이 같은 항에 따른 폭언 등으로 인하여 고소, 고발 또는 손해배상 청구 등을 하는 데 필요한 지원

> ※ 벌칙: 제175조 제4항 제3호
> 1천만 원 이하의 과태료(1차: 300만 원, 2차: 600만 원, 3차: 1,000만 원)

3) 산업안전보건법 시행규칙 제41조

사업주는 법 제41조 제1항에 따라 건강장해를 예방하기 위하여 다음 각 호의 조치를 하여야 한다.

- 법 제41조 제1항에 따른 폭언 등을 하지 아니하도록 요청하는 문구 게시 또는 음성 안내
- 고객과의 문제 상황 발생 시 대처방법 등을 포함하는 고객응대업무 매뉴얼 마련
- 제2호에 따른 고객응대업무 매뉴얼의 내용 및 건강장해 예방 관련 교육 실시
- 그 밖에 법 제41조 제1항에 따른 고객응대근로자의 건강장해 예방을 위하여 필요한 조치

4) 신체적 · 정신적 고통을 유발하는 행위에 대한 법률 근거

〈표 7-2〉 고객응대근로자 건강보호 가이드라인

유 형	내 용	처벌 기준
성희롱	성적 수치심이나 혐오감을 유발하는 발언을 하는 경우(문자 상담 포함) ① 성적인 말과 수치심을 유발하는 질문(성적 단어 검색 요구 등)을 하는 경우 ② 친근감을 표시하며 사적인 만남을 유도하거나 연락처를 요구하는 경우	- 성폭력범죄의 처벌 등에 관한 특례법 제13조(통신매체를 이용한 음란행위) : 2년 이하의 징역 또는 500만 원 이하의 벌금
폭행, 폭언 (욕설, 협박, 모욕)	폭행, 상해, 욕설, 협박, 모욕적 발언 ① 폭행/상해를 가하는 행위 ② 폭언(욕설, 협박, 모욕)하는 경우	- 형법 제260조 제1항(폭행): 2년 이하의 징역, 500만 원 이하의 벌금 - 형법 제257조(상해): 7년 이하의 징역, 10년 이하의 자격 정지 또는 1천만 원 이하의 벌금
공포심 · 불안감 유발	공포심이나 불안감을 유발하는 음향, 영상을 반복적으로 상대방에게 도달하게 하는 경우	- 정보통신망 이용촉진 및 정보보호 등에 관한 법률 제44조의7제1항 제3호: 1년 이하 징역 또는 1천만 원 이하 벌금
허위 불만 제기 등 업무방해	허위의 사실을 유포하거나 기타 위계, 위력으로써 업무를 방해하는 경우	- 형법 제314조 제1항(업무방해): 5년 이하 징역 또는 1천500만 원 이하의 벌금
장난전화 등	업무와 무관한 장난전화를 하는 경우(문자 상담 포함) 못된 장난 등으로 업무를 방해한 경우	- 경범죄처벌법 시행령 제2조(범칙금의 납부 통고 등): ① 장난전화: 8만 원 ② 업무방해: 16만 원

(출처: 안전보건공단 고객응대근로자 건강보호 가이드라인)

7.5 고충처리위원 배치 및 건의제도 운영

감정노동 종사자의 애로 및 고충의 해소와 의사소통을 위한 창구를 마련하는 것이 필요하다.

1) 수행 방법

① 고충처리위원 배치

- 가능하면 고충처리위원을 두고, 전담 고충처리위원을 둘 수 없다면 관리자 중 1인이 고충 상담 업무를 수행하도록 한다.
- 「근로자참여 및 협력증진에 관한 법률」 제26조에 따라 상시 30명 이상의 근로자를 사용하는 사업장은 고충처리위원을 두어야 함

② 건의제도 마련

- 온라인 또는 오프라인으로 의견을 제시할 수 있는 건의제도를 마련한다.(자기신고제도, 커뮤니티 운영, 온라인 게시판 등)
- 노동자에게 의사소통(상담) 창구가 있음을 알리고, 이를 통한 상담이 피해나 불이익을 초래하지 않음을 충분히 홍보한다.

③ 필요시 "노동자 건강보호위원회" 구성

- 필요시 감정노동 종사자가 참여하는 "노동자 건강보호위원회"를 구성하여 노동자의 요구를 반영할 수 있도록 한다.

학습평가

1. 감정노동 종사자 건강보호 조치 내용이 아닌 것은?

　① 기업은 감정노동 종사자 보호를 경영방침으로 설정하는 것이 필요하다.

　② 감정노동 실태를 파악 후 스트레스 완화방안 마련이 필요하다.

　③ 부당한 요구 시 서비스가 중단될 수 있음을 안내한다.

　④ 고객과의 갈등을 최소화하기 위한 업무처리 재량권은 총괄 책임
　　자에게만 있다.

2. 고객응대업무로 인한 스트레스를 제대로 관리하지 않았을 때의 내용과
　관계없는 것은?

　① 겉으로는 웃지만 우울증이나 적응 장애가 발생할 수 있다.

　② 실제 감정과 다른 감정을 반복적으로 표현하면서 피로감이 증가한다.

　③ 적절한 건강보호 조치를 이행하지 않을 경우 기업의 이미지가 손
　　상되진 않지만, 사회적 문제로 대두될 경우 해당 기업의 제품과
　　서비스에 대한 불매운동으로 이어질 수 있다.

　④ 스트레스로 인해 숙면을 취하지 못하고, 불규칙적인 식생활을 갖게 된다.

3. 감정노동 종사자의 고충 해소와 의사소통을 위한 창구 마련 내용과 관
　계없는 것은?

　① 가능하면 고충처리위원을 두고, 전담 고충처리위원을 둘 수 없다
　　면 관리자 중 1인이 고충 상담 업무를 수행하도록 한다.

　② 「근로자참여 및 협력증진에 관한 법률」 제26조에 따라 상시 5명
　　이상의 근로자를 사용하는 사업장은 고충처리위원을 두어야 한다.

　③ 온라인 또는 오프라인으로 의견을 제시할 수 있는 건의제도를 마련한다.

　④ 필요시 감정노동 종사자가 참여하는 "노동자 건강보호위원회"를
　　구성하여 노동자의 요구를 반영할 수 있도록 한다.

정답 Chapter **07**

01 ④　　02 ③　　03 ②

Chapter 07 **고객응대 근로자의 감정노동 관리**

연구과제

1. 감정노동 종사자 보호 관련하여 신체적 · 정신적 고통을 유발하는 행위에 대한 법률 근거 내용을 설명하고, 사례를 찾아보시오.

Chapter

브랜드별 상품 지식

개 요

명품 브랜드들이 오랜 기간 꾸준히 사랑을 받으며 성장하게 된 스토리와 상품 지식을 학습하여 고객응대 시 실용적인 도움이 되도록 한다.

학습목표

- 글로벌 브랜드의 종류와 인기 상품에 대해 학습한다.
- 명품스토리에 대한 상품 지식을 배워 고객응대 시 활용할 수 있다.
- 성공한 명품 마케팅 전략을 배워 현장에 적용할 수 있다.

목 차

브랜드별 상품 지식

8.1 시계와 보석

01. CARTIER(까르띠에)

1847년 루이 프랑수와 까르띠에가 스승인 보석상 피카르로부터 파리의 몽토르게이(Montorgueil)가 29번지 보석 작업장의 책임을 맡으며 시작되었다. 1853년 황제 나폴레옹 3세의 사촌인 마틸드 공주의 후원으로 사업을 확장, 파리 상류층의 심장부였던 이탈리아 대로 9번가로 사업장을 옮겼다. 이때 까르띠에는 가문의 전통을 세우기 위해 아들인 루이 프랑수아 알프레드에게 기술을 가르쳐 사업에 참여시킨다. 1899년 알프레드는 뤼 드 라 빼 13번지로 옮겨 새로운 사업장을 열고, 이후 자신의 세 아들에게 까르띠에를 맡김으로써 국제적 도약의 발판을 마련한다. 1904년 애드워드 7세로부터 '영국황실의 보석상'이란 명예를 부여받고 까르띠에는 세계적으로 유명한 보석상으로 자리잡게 된다.

루이 까르띠에 3세(1875~1942)는 뛰어난 사업감각과 천재적인 창조력을 지니고 있었으며 형제들인 자크와 피에르에게 각각 런던과 파리에 지사를 세우도록 하여, 새로운 보석의 디자인에 도전한다. 1902년에는 영국의 국왕 에드워드 7세의 대관식에 사용할 27개의 왕관 제작을 맡게 되었고 이로부터 2년 뒤 까르띠에는 영국 왕실의 보석 조달업체 자격을 부여받게 된다. 이후 스페인, 프르투칼, 루마니아, 이집트 왕실, 모나

코 왕국 그리고, 알바니아 왕실에 이르기까지 보석 브랜드로는 최초로 왕족, 귀족과 당시 새로운 계층이던 부르주아 그리고 외국인 등 다양한 고객에게 인기를 끌게 되었다.

최고의 디자인과 세팅 기술로 세계 보석의 트렌드를 이끌어가는 브랜드이며, 시계와 보석뿐만 아니라 가방, 지갑, 아이웨어, 향수 등 종류가 다양하며 꾸준히 세계적인 인기를 누리고 있다.

① 산토스 - 시계

까르띠에의 '산토스(Santos)'는 가죽 스트랩이 달린 세계 최초의 손목시계이며, 까르띠에의 친구인 비행사 뒤몽을 위해 제작한 최초의 남성시계로 알려져 있다. 19세기에는 주머니 속에 넣고 다니는 회중시계나 허리에 차는 샤틀렌 시계가 유행했다. 유독 시계에 관심이 많아 다양한 시계를 제작해오던 까르띠에는 자신의 친구이자 브라질의 비행사인 알베르토 산토스 뒤몽에게 비행할 때마다 주머니에서 시계를 꺼내 보기 불편하다는 고충을 듣게 된다. 1904년 루이 까르띠에는 비행 중 시간을 볼 수 있는 최초의 손목시계를 만들었다. 친구를 위해 비행 중에도 편하게 볼 수 있도록 손목에 차는 시계를 고안해냈고 친구의 이름을 따 '산토스'라 명명했다.

다이얼의 둥근 모서리, 부드럽게 연결된 곡선형 혼, 눈에 띄는 스크류는 다양하게 재해석되는 아이콘 시계의 상징이며, 당시 유행을 선도하는 '트렌드 세터'로 통했던 산토스 뒤몽이 이 시계를 차면서 인기를 더했고, 이후 '산토스'는 시계 분야에 손목시계라는 새로운 아이템으로 시계 산업의 발전을 이끌었다.

• XL 모델, 46.6×33.9mm. 까르띠에 매뉴팩처 매뉴얼 와
인딩 메케니컬 무브먼트, 430 MC 칼리버. 스틸 케이스.
18K 핑크 골드 베젤, 블랙 앨리게이터 가죽 스트랩

〈사진 8-1〉 산토스 뒤몽 워치(2020년 출시)

• large 모델, 39.8×47.5mm, 오토매틱 와인딩 무브먼트,
1847 MC 칼리버, 스틸 케이스, 스틸브레이슬릿과 송아
지 가죽 세컨드 브레이슬릿, 두 종류의 스트랩 모두 "퀵
스위치(QuickSwitch)" 교체 시스템 장착

〈사진 8-2〉 산토스 드 까르띠에 워치(2018 출시)

2018년 출시된 산토스 드 까르띠에 워치는 케이스에 메커니즘이 장착된
방식으로 특허 출원된 퀵스위치(QuickSwitch) 시스템을 통해 보다 쉽게 스
트랩을 교체할 수 있는데, 이 시스템은 스트랩 아래 위치한 퀵스위치를
누르는 방식으로 간편하게 작동할 수 있으며, 이를 통해 사용자의 기분
과 TPO에 따라 손쉽게 스트랩을 교체할 수 있다. 스마트링크(SmartLink)
시스템은 별다른 도구 없이 직접 브레이슬릿의 길이를 조정할 수 있도
록 하며, 각각의 링크에 장착된 푸시(push) 버튼을 눌러 고정핀을 빼낸
후 스크루가 장식된 브러시드 메탈 링크를 추가하거나 제거할 수 있다.

보다 넓고 여유로워진 실루엣과 손목 위에 자리한 다이얼에는 까르
띠에 고유의 스타일과 필수 요소들이 담백하게 담겨 있는 한편, 얇은
케이스를 비롯하여 검 모양의 핸즈, 비즈 와인딩 크라운, 태양 광선 모
티프 새틴 마감 다이얼과 같은 정교한 디테일 역시 놓치지 않았다.

② 탱크 - 시계

사각형의 심플하면서도 세련된 디자인의 '탱크' 아이템은 1차 세계대전 당시 프랑스의 서부 전선에 처음 투입되었던 탱크에서 영감을 얻어 디자인된 제품으로 수많은 명사들이 착용하여 유명세를 떨쳤다.

1907년, 에드몬드 에거와 공동으로 특허를 받은 시계 버클과 1919년 1차 세계 대전을 승리로 이끈 새로운 군용 차량에서 이름을 딴 탱크 디자인이 탄생하게 된다. 탱크는 현재까지도 'cartier'의 최고 인기 모델로, 탱크라는 의미에서 알 수 있듯이 견고함을 느낄 수 있으며, 사각 다이얼이 특징이다. 베누아, 탱크, 똑뛰 세 모델은 이후로도 다양한 디자인과 재료 변화를 통해 계속해서 생산되며 큰 인기를 얻고 있다.

- large 모델, 33.7×29.81mm, 까르띠에 매뉴팩처 매뉴얼 와인딩 메케니컬 무브먼트, 8971 MC 칼리버, 18K 핑크 골드 케이스, 세미-매트 브라운 앨리게이터 가죽 스트랩

〈사진 8-3〉 탱크 루이 까르띠에 워치

- small 모델, 29.5×22.0mm, 까르띠에 매뉴얼 와인딩 메케니컬 무브먼트, 8971 MC 칼리버, 다이아몬드가 세팅된 18K 화이트 골드 케이스, 샤이니 푸시아 핑크 앨리게이터 가죽 스트랩

〈사진 8-4〉 탱크 루이 까르띠에 주얼리 워치

1922년 탄생한 탱크 루이 까르띠에 워치는 탱크 컬렉션이 지니는 진정한 가치를 담았다. 루이 까르띠에 워치는 대담한 샤프트 라인, 둥근 모서리 그리고 케이스 통합형 러그가 특징인 독특한 디자인으로, 시대

를 초월하는 매력적인 모델이다. 선명한 실루엣과 완벽한 비율이 강렬하고 매혹적인 스타일을 완성한다.

탱크 프랑세즈 워치는 만곡형 케이스와 비스듬히 커팅된 샤프트, 오목하게 휜 링크가 절묘한 조화를 이루면서, 입체감과 소재, 라인이 끊기지 않고 자연스럽게 연결되어 기하학적인 디자인을 완성한다. 오늘날, 기능과 디자인의 미학을 동시에 갖춘 이 손목시계는 스틸 소재와 다이아몬드 세팅을 결합하는 메종의 대담하고 자유분방한 도전을 여실히 보여준다.

• small 모델, 25.35×20.3mm, 쿼츠 무브먼트, 다이아몬드가 세팅된
  스틸 케이스, 스틸 브레이슬릿

〈사진 8-5〉 탱크 프랑세즈 스틸 주얼리 워치

③ 트리니티 링

유명한 시인이자 친구인 장 꼭또에게 선물하기 위한 사랑, 우정, 충성의 의미를 지닌 트리니티 링은 1924년 처음 출시되었으며 핑크, 옐로우, 화이트 등 3색으로 까르띠에의 대표적인 반지로 알려져 있다. 사랑을 상징하는 핑크 골드, 우정을 상징하는 화이트 골드, 충성을 상징하는 옐로우 골드, 이 세가지 색의 골드가 우아한 소용돌이 형태를 만들어 내는 특별한 반지이다.

〈사진 8-6〉 트리니티 드 까르띠에 링

각각의 링은 세 가지 골드의 다양함, 옐로우 골드, 핑크 골드, 그리고 화이트 골드로 이루어져 미묘하게 서로 다른 색조의 콤비네이션이 절묘한 하모니를 자아낸다.

④ 러브 브레이슬릿

LOVE는 우정과 사랑을 의미하는 까르띠에의 전설적인 컬렉션이다. 1969년 처음 출시되어, 특별 제작된 스크류 드라이버로 나사를 조여서 착용하는 LOVE브레이슬릿은 영원한 사랑을 상징하며, 50여 년이 지난 지금까지도 큰 사랑을 받고 있다. 이 팔찌는 일단 손목에 끼운 다음에는 특수 제작된 스크류 드라이버를 이용하여 영원히 빠지지 않도록 고정시키는 특별하고 파격적인 디자인으로 큰 인기를 얻게되었으며, 이것은 주얼리를 몸에 걸치는 방식에 혁명을 가져다 주었다. 주얼리에서 뿜어져 나오는 매력은 사랑하는 사람과의 아름다운 관계를 만들어주기도 했다.

〈사진 8-7〉 러브 브레이슬릿

⑤ 저스트 앵 끌루 브레이슬릿

저스트 앵 끌루 브레이슬릿은 까르띠에의 전설적인 러브 브레이슬릿을 탄생시킨 디자이너, 알도 치풀로(Aldo Cipullo)가 1970년대 까르띠에 뉴욕에서 선보인 오리지널 모델을 재현한 것이다. 못을 주얼리로 선보인 과감한 시도는 당시의 반순응주의적인 사회 분위기를 반영했다. 하나의 못이 완전한 주얼리로 탄생한 이 컬렉션은 단순하고 평범한 '못' 모티브에서 독특한 아름다움이 느껴지는 주얼리로 디자인되었다. 주얼리의 테마로는 상상을 초월한 이 오브제는 강한 개성과 뚜렷한 의지를 가진 여성 또는 남성의 손목 위에서 강렬하고 시크한 에너지를 발산한다. 부드러운 타원형의 절제된 디자인이 특징인 이 주얼리는 리드미컬한 곡선과 대범함으로 개성과 자유를 상징한다.

〈사진 8-8〉 저스트 앵 끌루 브레이슬릿

⑥ 클래쉬 드 까르띠에

파리 방돔 광장의 울퉁불퉁한 자갈 길을 표현한 끌루 드 파리 데코는 아주 작은 피라미드 형태의 스터드가 루브르 박물관 앞의 유리돔을 연상시키며, 파리의 상징적인 건축 요소를 떠올리게 한다. 가장자리의 둥근 무늬가 도드라지는 피코 장식은 피코 뜨개질에서 영감을 받아 스터드의 기

〈사진 8-9〉 CLASH DE CARTIER

하학적인 아름다움과 조화를 이루며, 주얼리 위에 자리한 모든 요소에서 파리의 세련된 감각이 고스란히 느껴진다. 복잡하고 화려해 보이지만, 동시에 간결한 라인으로 스타일의 한계를 뛰어 넘은 것이다.

02. BVLGARI(불가리)

이탈리아 대표 럭셔리 브랜드 불가리(BVLGARI)는 그리스 출신의 은세공가 소티리오 불가리(Sotirio Bulgari)가 1884년에 이탈리아 로마 비아 시티나에 매장을 오픈한 것이 시초가 되었다. 은세공업자였던 소티리오 불가리는 은제품을 판매하면서 이름을 알리기 시작했고, 3년 만에 공방 겸 매장을 열면서 불가리의 탄생을 세상에 알렸다. 진귀한 원석과 다양한 주얼리 세팅 기법에 관심을 두고 있던 불가리는 다양한 컷의 다이아몬드와 사파이어, 루비 등의 보석으로 장식한 기하학적이고 대담한 주얼리들을 만들었고, 이내 큰 반향을 일으켜 이탈리아 최고급 주얼리로 거듭나게 되었다.

1990년대 후반부터 불가리는 주얼리와 시계 외에 다양한 사업으로 영역을 넓혔으며 주얼리, 시계, 가방, 향수 등 다양한 제품을 통해 이탈리아의 아름다움을 담은 작품과 장인정신, 차별화된 디자인으로 독보적인 명성을 얻었다.

• 독창적이고 유니크한 스타일

불가리의 디자인은 볼륨감, 균형과 직선 모양에 대한 사랑, 그리고 예술과 건축을 회상시키는 유니크한 스타일이 특징이다. 창업자 소티리오 불가리는 그리스 신화에 영감을 받아 1940년대부터 뱀을 모티브로한 액세서리를 디자인하였으며, 당시 특유의 브레이슬릿 형태의 시계는 뱀에서 직접적인 영감을 얻었다. 똬리를 틀고 있는 뱀의 모습을 골드 소재의 브레이슬릿으로 하고 뱀의 머리에 해당하는 부분에 다이얼을 배치하였다. 이런 뱀 모티브의 시계들을 세르펜티(Serpenti : 이탈리아어로 '뱀'을 뜻함)라고 이름 붙였다.

〈사진 8-10〉 Bulgari Store on 5th Avenue, NYC, USA/Bulgari shop window

① Serpenti(세르펜티)

'풍요', '지혜', '불멸', '장수'를 상징하는 뱀으로부터 영감을 받은 '세르펜티' 컬렉션은 뱀을 신성시하면서 불가리 고유의 스타일을 가장 뚜렷하게 보여준다. 뱀을 신성시한 것은 그리스와 로마의 지중해 역사 및 전통에 대한 찬사를 나타내는 것이며, 해당 지역에서는 뱀을 지혜와 영원한 생명, 불멸, 풍요를 상징하는 존재로 여겨 장식 또는 부적으로 사용했다고 한다. 불가리를 가장 잘 대표하는 아이콘 '세르펜티 주얼리'는 뱀의 모습을 재해석해서 대담하고 우아한 관능미를 담아낸 디자인으로 알려져 있다.

세계적인 여배우였던 엘리자베스 테일러는 불가리 주얼리를 사랑하는 애호가로, 브랜드의 창의성이 돋보이는 수많은 독창적인 작품을 소유했다. 1962년 영화 '클레오파트라' 영화에서는 불가리의 뱀 시계와 뱀 벨트를 착용하기도 하였다.

② 피오레버

이탈리아어로 꽃을 의미하는 '피오레(fiore)'와 영원을 의미하는 '포에버(forever)'를 합친 피오레버는 고대 로마의 유산과 브랜드 헤리티지 속 플라워 모티브에서 영감을 받아 탄생한 네 개의 꽃잎을 지닌 다이아몬드 주얼리 컬렉션으로 불가리의 로마 아이덴티티를 상징한다. 피오레버는 매일 새로운 모습으로 피어나는 꽃의 자연스러운 아름다움을 간직하고 있으며 로마의 변치 않는 아름다움을 찬양한다.

③ B.Zero1(비제로원)

하우스를 상징하는 알파벳 'B'와 새로운 시작을 의미하는 '0(Zero)', '1(One)'을 결합한 비제로원(B.Zero 1) 컬렉션은 고대 로마 제국 시절 장엄한 콜로세움에서 영감을 받아 탄생한 주얼리이다. 독특한 나선형의 디자인은 과거와 현재, 그리고 미래가 공존하는 영원의 도시 로마가 빚어내는 웅장함을 상징하며 불가리의 도전 정신을 표현한다. 비제로원은 나선형 밴드의 계속되는 변신을 통해 항상 새로운 디자인을 출시하고 있다.

④ Bulgari Bulgari(불가리 불가리)

불가리 불가리 로고는 로마의 유산과 현대적인 감각을 조화시켰으며 고대 코인에 새겨진 명각으로부터 영감을 받았다. 클래식함과 모던함이 조화를 이루는 작품으로, 자유롭게 원하는 스타일을 연출할 수 있는 다채로운 디자인을 선보이고 있다. 시계 컬렉션 중 '불가리 불가리 라인(BVLGARI-BVLGARI Line)'은 베젤(Bezel, 원형의 가장자리 부분) 위에 브랜드의 시그니처인 불가리 로고가 이중으로 새겨진 디자인이 반영된 제품이다.

03. 티파니 앤 코(Tiffany & Co.)

티파니는 1837년 미국 뉴욕에서 찰스 루이스 티파니(Charles Lewis Tiffany)가 친구 존 버넷 영(John B.Young)과 함께 문구용품과 팬시용품을 판매하는 매장 '티파니 앤 영(Tiffany & Young)'을 연 것이 브랜드의 시작이었다. 이후 도자기, 실버 등 제품을 다양화하고 1853년에는 찰스 루이스가 친구 존 영의 지분을 인수하고 티파니 앤 코(Tiffany & Co.)로 브랜드명을 바꾸었다.

1956년 티파니에 입사한 디자이너 장 슐럼버제(Jean Schlumberger)는 1970년대 후반까지 티파니의 디자이너로서 티파니의 주요 작품을 만들며 부사장이 되었다. 이후 티파니는 엘사 페레티(Elsa Peretti), 팔로마 피카소(Paloma Picasso) 등 세계적인 주얼리 디자이너들을 영입하여 성공적인 컬렉션들을 런칭했다. 티파니는 상류층을 타깃으로 한 고가의 제품 외에도 저가로 판매하여 경쟁브랜드와 차별화되는 실버 제품도 인기가 많다.

• 영화, 드라마를 통한 브랜드 인지도 상승

1961년, 영화 '티파니에서 아침을'은 뉴욕 티파니 매장을 전 세계에 알리는 결정적 계기가 되었다. 이 영화의 주인공 오드리 헵번은 이른 새벽, 뉴욕 맨해튼 5번가의 티파니 매장 앞에 서서 샌드위치를 먹으며 티파니 본사 매장의 쇼윈도에서 눈을 떼지 못한다. 이 장면은 티파니가 여성들에게 상류사회의 상징으로 인식되었고 티파니 보석에 대한 여성들의 동경을 보여주었다.

티파니는 유명 여배우부터 영부인에 이르기까지 사랑을 아끼지 않은 브랜드로, 1861년 에이브러햄 링컨 대통령은 부인 메리 토드 링컨에게 진주 목걸이와 팔찌를 선물했으며, 존 F.케네디의 부인이자 퍼스트레이디인 재클린 케네디 오나시스도 티파니를 아낀 인물로, 취임식을 비롯한 공식석상에 자주 티파니와 함께했다.

① '티파니 블루'를 이용한 컬러마케팅

1880년대 말 티파니 블루는 쇼핑백과 포장 상자의 색상으로 처음 등장해 티파니를 소비자들에게 친숙하게 다가가게 만들었다. '티파니' 하면 떠오르는 색상은 민트색이다. 연한 하늘색 종이 상자에 하얀색 리본은 티파니의 상징이 되며 높은 브랜드 자산으로 자리잡았다. 티파니의 상징인 티파니 블루는 티파니 앤 코와 함께 트레이드 마크로 등록되어 있다.

로빈스 에그 블루로 잘 알려진 이 색상은 19세기 빅토리아 시대에 신부들이 결혼 답례품으로 민트색의 비둘기 모양 브로치를 선물했던 것에서 영감을 받은 색이다. 블루북 커버로 사용하던 티파니 블루 컬러를 1886년 '티파니 세팅' 제품을 선보일 당시 반지 상자 색상으로 넣었다. 19세기 빅토리아 시대(Victorian Age, 1837~1901년까지 영국 빅토리아 여왕이 통치한 시대)에 신부는 결혼식 하객들에게 자신을 잊지 말아달라는 뜻으로 로빈새의 알색과 같은 블루 컬러를 칠한 비둘기 장식을 선물했는데, 1845년 티파니는 카탈로 그 표지에 이 블루 컬러를 사용하고

'블루북(Blue Book)'이라고 이름 붙였다.

블루북은 풀 컬러로 인쇄되고 무료로 배포된 미국 최초의 우편주문 카탈로그로 기록되었으며 티파니는 카탈로그 이외에 박스, 쇼핑백, 광고 등 티파니를 나타내는 모든 것에 블루 컬러를 사용하기 시작했다. 이를 통해 티파니 블루는 19세기부터 현재까지 박스나 종이 백의 색만 보고도 티파니가 연상되게 하는 티파니의 상징이 되었다. 흰 리본으로 산뜻하게 묶은 엷은 하늘색 상자가 티파니 광고와 매장에서 쉽게 볼 수 있는 '블루박스'이다. 티파니를 상징하는 블루박스는 19세기부터 현재에 이르기까지 변함없이 티파니를 대표하는 상징으로 사랑받고 있다.

② 티파니 웨딩 링

티파니의 스테디셀러로 꼽히는 '티파니 세팅' 다이아몬드 웨딩 링은 1886년 출시됐다. 티파니의 명성을 잘 보여주는 것은 보석 세팅, 그중 다이아몬드 세팅 기술이다. 최상급의 원석만을 사용하고 특별한 세팅 기술로 다양한 웨딩 컬렉션을 선보이고 있어 티파니를 세계적인 브랜드로 성장할 수 있게 만들었다. 이런 티파니의 기법은 현재까지도 변함없이 '신부들의 로망', '웨딩 링의 대명사'로 인정받고 있다.

〈사진 8-11〉 티파니 커플링, 웨딩 링

티파니 세팅은 6개의 발이 받침으로써 다이아몬드를 통과하는 빛의 반사를 보다 완벽하게 구현하도록 하여 광채를 최대한 살려주는 독특한 세팅 기법이다. 플래티넘 프롱 세팅으로 다이아몬드를 밴드 위로 분리 시켜 빛의 투과율과 광채를 극대화한 혁신적인 디자인의 티파니 세팅을 선보이며 웨딩 링의 개념을 새롭게 정립했다. 이러한 티파니 세팅은 최상의 광채와 디자인으로 세상의 이목을 집중시켰고, 주얼리 역사에서 의미있는 혁신 중 하나로 손꼽히고 있다. 1886년 처음 선보인 티파니 세팅링은 지금까지 우리가 알고 있는 결혼반지의 시초가 된, 티파니의 대표적인 다이아몬드 링이다. 또한 티파니는 국제 표준화 기구인 ISO로부터 인증을 받은 자체 감정소를 운영하고 있다. 최첨단 시설과 전문 지식을 갖춘 보석학자들로 구성된 이 감정소의 평가를 거쳐 완벽한 품질을 보증하는 '티파니 다이아몬드 감정서'가 주어진다. 이 다이아몬드 증서는 타 감정서와는 달리 고객이 구입한 티파니 다이아몬드의 품질을 평생 보증한다는 의미의 '평생 보증서'이다. 대표적인 다이아몬드 반지 라인은 '티파니 세팅(Tiffany Setting)', '루시다(Lucida)', '레거시(Legacy)', '노보(Novo)' 컬렉션 등이 있다.

8.2 향수와 화장품

01. CHANEL(샤넬) 향수

샤넬의 브랜드 네임은 브랜드 창시자인 가브리엘 샤넬(Gabrielle Chanel)의 이름을 따서 만들어졌다. 1921년 코코 샤넬은 당시에는 존재하지 않았던 전혀 다른 향수, "여성의 향기를 지닌 여성용 향수"를 만들기로 결심하였다. 러시아 황실의 조향사였던 에르네스트 보와 함께 5월의 장미향과 자스민 향기에 인공 합성물인 알데하이드를 첨가해 향수를 만들었다. 향수 분야의 전통적인 코드에서 벗어난 특별한 향수를 완성하였다.

가브리엘 샤넬은 하나의 주된 노트 대신 매혹적인 향기가 풍부하게 교차되는 알데하이드가 피어나는 향수인 '샤넬 No.5'를 소개하여 패션의 한 분야로 창조, 토털 룩의 개념을 최초로 소개하였다. 인류 최초의 인공 향수 '샤넬 No.5는 83가지의 꽃향기와 화학합성 알데히드를 브랜딩하여 제조되었으며, 한 가지 원료로만 향수를 만들던 시대에 천연 원료와 합성물의 조화를 통해 새로운 시대의 문을 활짝 연 것이다. 화려함, 관능미, 여성미의 상징인 샤넬 향수는 여전히 향수의 영원한 고전으로 불리고 있다.

〈사진 8-12〉 샤넬 No.5 향수

샤넬 No.5 스토리

가브리엘 샤넬은 1921년 조향사 에르네스트 보(Ernest Beaux)에게 진귀하고 강렬한 "여성의 향기를 지닌 여성용 향수"를 만들어 달라고 부탁하였다. 그 결과, 알데하이드를 사용한 전례 없는 조향의 향수가 제작되었다. 가브리엘 샤넬은 여러 개의 샘플 중 다섯 번째 샘플을 No.5라는 이름으로 선택하였고, 혁신적인 디자인의 보틀을 새로운 향수 보틀로 선정하였다. 1978년부터 샤넬의 조향사로 활약 해온 자크 뽈쥬는 1986년, No.5의 향기를 새롭게 재해석한 오드 빠르펭을 제작하였다.

 CHANEL(샤넬) 스토리

- **성장기**

  1883년 프랑스 소뮈르에서 태어난 가브리엘 샤넬(Gabrielle Chanel)은 12세에 어머니가 사망하자 보육원과 수도원을 전전하면서 불우한 어린 시절을 보냈다. 샤넬은 수녀원에서 자라며 바느질을 배웠다. 샤넬의 전형적인 화이트와 블랙의 앙상블은 이때 수녀복에서 나온 영감에서 비롯되었다고도 한다.

  샤넬은 고아원을 나와 의상실의 보조 재봉사로 일했다. 보조 재봉사 직업으로 생계 유지가 어렵자 그녀는 물랭의 한 카페에서 노래를 부르기도 했다. 노래를 좋아했던 샤넬은 가수를 지망하면서 〈KoKo Ri Ko〉와 〈Qui qu'a vu Coco dans le Trocadero〉라는 노래를 즐겨 불러 그녀를 좋아했던 손님들이 '코코(Coco)'라는 애칭을 붙여줬다.

- **패션디자이너 시절**

  샤넬은 영국 출신의 사업가 카펠의 후원으로 1910년에 파리의 캉봉 거리에 모자가게를 내면서 패션계에 새로운 인생이 시작된다. 이어 1913년 노르망디의 유명 휴양도시 도빌에 새로 부티크를 열어 모자뿐 아니라 옷까지 만들기 시작했다. 그녀만의 패션감각과 사업감각은 샤넬가게를 도빌에서 최고의 판매를 올리는 곳으로 만들었다.

  1913년 도빌에 2호점을 개설한 샤넬은 제1차 세계대전 후에 〈메종 드 쿠튀르〉를 오픈하고, 1916년 컬렉션을 발표해 대성공을 거두게 된다.

샤넬이 추구한 패션 철학은 단순하면서 실용적이고, 편안하면서 우아함을 잃지 않는 스타일이었다. 여성의 허리를 옥죄던 코르셋을 없애버리고 더욱 편하고 실용적인 디자인의 옷을 선보였다.

1921년에는 그라스 지방의 유명한 조향사(調香士) 에르네스트 보와 함께 세계 최초의 디자이너 향수 'No.5'를 내놓고는 사상 초유의 대성공을 거둔다. '코코'와 '알뤼르'에 이르기까지 샤넬 여성 향수의 원조격인 이 향수는, 한 인터뷰에서 마릴린먼로가 잠잘 때 무엇을 입느냐는 기자의 물음에 '샤넬 No.5만을 입고 잔다'고 한 대답으로 아직까지 세간에 화제가 되고 있을 만큼 유명하다.

화장품에서 향수, 의류, 액세서리까지 패션의 모든 것을 갖추게 된 샤넬은 그 해에 단순한 실내장식으로 오늘날 '샤넬 하우스'의 트레이드마크로 된 파리 캉봉가(街) 31번지에 정착하며 명품 패션 브랜드로서 자리 잡게 된다.

- **후반기**

1954년 71세의 나이로 캉봉가에 부티크를 다시 열어 샤넬 스타일을 새롭게 변화시킨다. 금색 체인이 달린 누비 숄더백(기존 불편한 가방에 체인을 달아, 여성의 한쪽 팔을 가방에서 해방시킨 체인 벨트 백), 금색 단추에 옷단을 트리밍한 트위드 슈트(tweed suit), 단순하게 보이지만 우아한 실크 블라우스, 하반신이 길어 보이는 베이지색 투톤의 바이컬러(bicolor) 슈즈가 매치되어 완성된 '샤넬 스타일'을 선보였다.

샤넬은 1971년 그녀의 마지막 컬렉션을 며칠 앞두고 파리 리츠 호텔에서 세상을 떠났다. 코코 샤넬은 1971년 90세에 가까운 나이로 사망할 때까지 계속해서 옷을 만들었다. '패션은 지나가도 스타일은 남는다'는 그녀의 말처럼 지금도 샤넬 스타일은 전 세계 여성들의 사랑을 받고 있다.

02. C. DIOR(크리스찬 디올)

1946년 프랑스의 패션디자이너 크리스찬 디올(Christian Dior)은 파리 에비뉴 몽테뉴에 오트쿠튀르 하우스를 오픈한다. 1947년 디올의 첫 번째 컬렉션 중 선보인 'Bar'수트는 상징적인 스타일이 되었고, 나중에 '뉴룩(New Look)'으로 명명되었다. '뉴룩'은 세계적인 명성을 얻었고, 패션계의 오스카상으로 불리는 '니먼 마커상'을 수상하게 된다. 크리스찬 디올은 디올 쿠튀르의 캣 워크에서 영감을 받아 탄생한 메이크업, 클래식한 우아함을 지닌 향수까지, 가장 럭셔리하며 패셔너블한 시대를 주도하는 뷰티 아이템을 선보여 왔다. 패션과 화장품의 환상적인 조화는 세계의 유명 셀리브리티들과 슈퍼모델, 저명한 사회 인사들을 사로잡았고 시대를 앞서가는 스타일리시한 뷰티 브랜드로서의 명성을 이어가고 있다.

'미스 디올(Miss DIOR)'은 디올의 대표적인 향수 라인이다. 65년 전 디올을 탄생시킨 크리스찬 디올이 여성의 곡선을 강조한 '뉴룩'을 발표하며 패션계를 뒤흔든 후, 자신이 만든 드레스만큼 사랑스러운 향수를 만들고 싶다며 만든 향수이다. 여성의 우아함과 '뉴룩'이 조화를 이룬 향인 '미스 디올'은 드레스의 모습을 연상케 하는 모던한 디자인으로 고급스런 골드와 수공예 크리스털로 장식됐다.

〈사진 8-13〉 Miss DIOR 향수

'미스 디올'은 그라스 지방의 장미와 재스민이 어우러지며, 간간이 라벤더와 오크 모스(참나무 이끼)에서 자라난 세이지(향료의 일종)향이 강조되는 시프레(샌달우드에서 채 취한 향유) 향조이다. 세련되고 우아한 젊은 여성을 떠올리게 만드는 향 덕분에 당시 사교계에 데뷔하는 여성에게 필수 품이었다고 한다.

디올 향수 중 판매 1위인 '미스 디올 블루밍 부케'는 상큼한 시트러스 향에 시실리안 오렌지 에센스가 시원하고 달콤한 향을 전한다. 여기에 장미와 재스민 향이 더해져 여성스러움을 강조했으며 화이트 머스크가 첨가돼 봄꽃의 싱그러움을 느낄 수 있다.

03. ESTÉE LAUDER(에스티 로더)

1908년 미국 뉴욕에서 동유럽 출신 유대인 부모님 슬하에서 태어난 에스티 로더는 어릴 때부터 친구들에게 화장해 주는 것을 좋아했으며 피부과 의사였던 삼촌이 개발한 제품을 보며 화장품에 대한 관심을 키웠다. 삼촌으로부터 화장품 제조 지식을 전수받아 함께 만든 클렌징 제품을 시작으로 집에 작은 연구실을 만들고 본격적으로 화장품을 만들기 시작했다. 1933년, 에스티 로더는 평소 단골이었던 헤어살롱 원장의 제안으로 헤어 살롱의 작은 코너에서 직접 만든 화장품을 판매하기 시작했고, 살롱 손님들 얼굴에 직접 자신이 만든 화장품을 발라주면서 우수한 제품력과 적극적인 마케팅으로 사업이 번창하기 시작했다. 1930년대 중반, 그녀는 브랜드 이름을 자신의 이름과 똑같이 에스티 로더로 확정했다. 제2차 세계대전(1936~1945)이 끝나고 에스티 로더의 제품은 뉴욕의 많은 미용실에서 인기를 끌자 에스티 로더는 본격적으로 남편인 조셉 로더(Joseph Lauder)와 함께 뉴욕 맨해튼에 사무실을 열고, 1946년 '에스티 로더 코스메틱스(ESTÉE LAUDER COSMETICS)'라는 이름의 회사를 설립했다. 에스티 로더는 1982년, 30년 넘게 에스티 로더의 대표 제품으로 활약하고 있는 나이트 리페어(Night Repair)를 출시했다. 나이트 리페어는 안티 에이징(Anti-aging) 제품으로 화장품 역사상 최초로 밤 사이 피부 재생을 활성화시키는 기술을 적용하여 혁신적이라는 평가를 받았다. 전 세계에서 1년에 470만병, 1분에 9병이 팔린다는 에스티 로더 최고의 베스트셀러이며 '갈색병'이라는 애칭으로 더 유명하다.

〈사진 8-14〉에스티로더 리페어세럼

04. CLINIQUE(크리니크)

피부과 전문의의 처방과 콘셉트를 그대로 도입한 크리니크는 스킨케어와 메이크업 제품을 동시에 갖춘 최초의 브랜드이며 1968년 뉴욕에서 출시됐다. 컴퓨터에 의한 피부 측정을 통해 철저한 알레르기 테스트를 거친 100% 무향의 스킨케어와 메이크업 제품을 선보이고 있다.

크리니크(Clinique)는 미국의 스킨 케어, 화장품, 세면용품, 향수 회사로 에스티 로더의 자회사이다. 에스티 로더의 며느리인 에블린 로더는 크리니크의 브랜드 이름을 정하고 상품을 개발했으며 트레이닝 디렉터 직도 맡았다. 그녀는 현재 전 세계의 크리니크 컨설턴트가 착용하는 트레이드 마크인 하얀 실험실 가운을 처음으로 입은 사람이기도 하다. 크리니크 제품은 50년 이상의 엄격한 테스트를 통해 얻은 지식을 활용하여 피부에 건강하고 안전한 성분들로 개발되어 크리니크의 깨끗한 철학을 지켜 나가고 있다. 인공 향을 첨가하지 않아 알레르기 반응 가능성을 크게 줄였으며, 한 개의 제품을 출시하기 위해 매번 무려 7,200회 알레르기 테스트를 실시한다고 한다.

CLINIQUE 전 제품은 지금까지 있었던 다른 화장품과는 달리 스킨 케어 제품은 모두가 전문 피부과 의사들의 처방에 의해 만들어졌으며 개발되기 전에 의사들이 사용하던 피부 처방법을 상품화하여 탄생되었

다. 컴퓨터프로그램에 의해 피부 타입을 분석하여 피부에 맞는 제품을
사용함으로써 더욱 효과를 더해 주는 화장품이다.

〈사진 8-15〉 크리니크 화장품

05. LANCOME(랑콤)

랑콤(Lancôme)은 1935년 프랑스의 조향사 겸 미용 전문가인 아르망 프
티장(Armand Petitjean)이 설립한 프랑스의 고급 향수, 화장품 브랜드이다.
세계 최대의 종합 화장품 회사인 로레알이 모기업이며 장미를 사랑하
는 대표적인 프랑스 화장품 브랜드이다. 꽃을 좋아한 것으로 알려진 아
르망 쁘띠장은 어떤 언어로도 발음하기 쉬운 브랜드 이름을 만들기 위
해 고심하던 중 프랑스 중부 랑코스메에서 영감을 받아 랑콤으로 브랜
드 명을 정했다.

2000번 조합 과정을 통해 탄생한 최상급 장미는 사람이 직접 손으로
작업하는 수분과정을 통해 복잡하고 섬세한 교배 과정을 거쳐 탄생한
다. 랑콤 장미는 랑콤을 나타내는 핵심 상징이며 랑콤만의 활성 성분을
만드는 바탕이 되고 있다. 랑콤에는 다양한 형태로 장미가 들어가 있
다. 아이섀도나 콤팩트에 장미 문양이 새겨져 있고 장미 향기를 이용해
서 향수를 만든다. 다섯 가지 장미색을 그대로 사용해 립스틱을 만들기
도 했다. 랑콤의 새로운 장미 화장품 중에는 다마스크 로즈 꽃잎 150장
을 농축해야 단 한 방울이 나오는 고농축 에션셜 오일을 넣은 '압솔뤼
프레셔스 셀 로즈 실키 크림'이 있다. 여기에 사용된 장미는 1년 중 5~6

월, 이른 새벽에만 수작업으로 수확하며 이렇게 수확한 장미 꽃잎에서 추출한 에센셜 오일은 피부에 풍부한 영양을 공급한다.

랑콤은 전 세계 여성을 가장 잘 이해하는 글로벌 No.1 럭셔리 코스메틱 브랜드로서 최상의 여성스러움과 전문성을 함께 담아내고 있으며, 165개국에 프렌치의 감성을 전달하고 있다. 1935년 프랑스 파리 랑콤의 창시자 아르망 쁘띠장은 5가지 향수를 런칭하며 전 세계의 주목을 받기 시작했다. 이후 메이크업과 스킨케어 제품을 통해 완전한 랑콤의 제품라인을 구축하게 된다.

지난 70년간 프랑스, 일본, 미국 등 3개국에 위치한 랑콤 연구소는 과학적인 접근방법을 통해 피부의 메커니즘을 연구하여 피부 본연의 밸런스를 찾아가는 제품을 개발하고 있다. 또한 전 세계 여성들의 니즈를 충족하는 최상의 제품을 제공하기 위해 사랑의 마음으로 늘 여성의 소리에 귀 기울이고자 끊임없이 노력하고 있다.

• 랑콤 베스트셀러, '레네르지 반중력 탄력 크림'

탄력 강화 - 리프팅 - 주름 개선 - 영양 공급 - 수분 공급 '레네르지 반중력 탄력 크림'은 촉촉하게 영양감은 채우고 탄력을 끌어올리는 탄력 나이트 크림으로 우주 과학에서 영감을 받아 제작된 안티에이징 크림이다. 마치 중력을 거스른듯 피부 탄력을 끌어올려 주는 것이 특징이며, 부드러운 텍스처가 주름 사이 사이를 촘촘하게 채워 매끈한 피부결로 가꿔준다.

〈사진 8-16〉 LANCOME 화장품

06. Yves Saint Laurent(입생로랑)

1936년 알제리 오랑주에서 태어난 이브 생 로랑은 일찍부터 패션, 실내장식, 예술에 관심이 많았다. 25세 되던 해에 그의 첫 번째 쿠튀르 하우스를 통해 천재적인 창조력을 품격 있는 명품 브랜드로 탄생시켰다. 이브 생 로랑의 5가지 기본 콘셉트는 럭셔리, 우아함, 과감함, 스타일, 센슈얼리티를 지향하며 이 콘셉트는 코스메틱에도 반영된다.

1964년 여성의 생동감과 우아함을 상징하는 이브 생 로랑의 첫 번째 향수 "Y"로 YSL BEAUTE가 탄생하였다. Opium(오피움), Kouros(쿠로스), 파리지엔느의 감성을 표방한 Paris(파리) 등 향수에 대한 꾸준한 관심을 보여온 이후 자신의 드레스를 입은 여성들에게 이브 생 로랑의 감각적인 룩을 선사하기 위해 1978년 메이크업 라인을 탄생시켰고 1984년 스킨케어 라인을 런칭하여 코스메틱 라인을 완성하였다. 파리 패션 최고의 거장이라는 찬사에 걸맞게 이브 생 로랑만의 감각적인 룩을 담은 이브 생 로랑은 화장품 분야에 고품격 브랜드로 자리잡았다.

2013년 SBS에서 방영된 드라마 "별에서 온 그대"의 여주인공을 맡은 전지현이 입생로랑의 틴트를 바르고 나오면서 유명세를 탔다. 이후 입생로랑의 바이닐 크림 틴트, 따 뚜아쥬 쿠튀르, 루쥬 볼립떼 샤인이 출시와 동시에 유명세를 탔다.

'YSL'은 2013 F/W 컬렉션 시즌부터 디올 옴므의 수장이었던 Hedi Slimane(에디 슬리 먼)이 헤드 디자이너로 오며 브랜드의 이미지를 새롭게 구축하고자 브랜드 명칭을 '생 로랑 파리'로 바뀌게 되었다. 라벨부터 시작해서 매장 인테리어, 매장명까지 다 바꿨으며 여성 일부 제품에서만 구 YSL 로고를 쓰는 디자인을 소량 남겨두었고 화장품 계열만 아직 YSL(YVES SAINT LAURENT 입생로랑)로 남아있다.

〈사진 8-17〉 YSL 립스틱과 틴트

07. Jo Malone London(조말론)

영국의 플로리스트 출신의 향기 디자이너 조말론이 1994년 시작한 브랜드이며, 고가의 향수와 럭셔리 향초, 목욕용 상품, 방향제로 유명하다. 피부관리사였던 어머니의 일을 도우면서 자연스레 피부관리사, 더 나아가 화장품 제조의 길을 걷게 되었고, 그러다 향수에 관심을 가지게 되었다. 화가였던 아버지와 함께 거리에 나가서 미술작품을 팔면서 마케팅과 세일즈에 대한 감각을 어릴 때부터 익히기도 했다. 어렸을 때부터 꽃과 비누로 자신만의 향기를 찾던 그녀는 꽃집의 손님들에게 만들어주던 생강, 넛맥 등을 넣은 목욕 오일의 인기로 부티크 오픈까지 이루게 되었다. 1990년대부터 81개의 향기베이스를 갖고 있는 '조말론'은 글로벌 시장에 진출하며 '니치향수'로서 인기를 끌고있다. 두 가지 이상의 향을 조합하여 새로운 향을 만들어 내는 프레그런스 컴바이닝은 조말론 런던 고유의 기술이다.

〈사진 8-18〉 조말론 향수

- 블랙베리 앤 베이 코롱(Black Berry & Bay Cologne)

  생기 넘치고 활발한 느낌의 향수로, 이제 막 수확한 월계수 잎과 브램블리 우드의 신선함에 진하고 톡 쏘는 느낌의 블랙베리 과즙을 가미하였다.

  - 탑 노트 : 블랙베리

    톡하며 퍼져나가는 블루베리의 과즙향과 까막까치밥나무 싹이 더해주는 새콤한 과일향

  - 하트 노트 : 월계수잎

    갈바눔의 천연향이 바탕으로 한 향의 배합이 전체 향에 밝고 눈부신 녹음의 느낌을 더해준다.

  - 베이스 노트 : 시더우드

    우디하고 드라이한 특징을 지니고 있어, 향의 베이스에 강렬함을 가득 채운다.

🌐 니치향수란

- '틈새'를 뜻하는 이탈리아 단어
- 일반 향수와는 달리 특정 취향, 소수를 위한 특별한 향수로 인공 향이 아닌 천연 향료를 사용하고, 단독 조향사의 철저한 품질 관리 아래 소량만 만드는 향수
- 니치향수는 자연을 모티브를 한 우드향 또는 오묘하거나 중성적인 향이 대부분이어서, 마음에 드는 향수를 두세 가지 레이어드해 나만의 시그니처 향을 만들 수 있어 젊은 세대부터 중장년층까지 인기를 얻고 있다.
- 니치향수는 조향사가 가공되지 않은 천연향을 담아낸 것이 특징이며, 고급 에센셜 오일 함량도가 높고 대량생산을 하지 않아 나만의 향을 원하는 이들에 의해 수요가 증가하고 있다.
- 니치향수 브랜드는 조말론, 크리드, 딥디크, 펜할리곤스, 바이레도, 아쿠아 디파르마 등이 있다.

8.3 가죽제품과 패션

01. Louisvuitton(루이비통)

루이비통은 목공소 집안에서 태어나 부친으로부터 긴 대패를 손질하는 법을 배우며 어릴 적 시간을 보냈다. 그는 16세 때 일자리를 찾기 위해 파리로 향했고, 당시 유명했던 가방 제조 전문가 마르샬(Marechal)의 견습공으로 일을 시작했다. 마르샬은 여행을 준비하는 상류층 고객들을 위해 옷과 귀중품을 잘 넣을 수 있는 박스 케이스를 제작해주던 장인이었다. 이후 1854년 프랑스 파리 뤼뇌브 데 까푸신느 4번가에 첫 매장을 오픈했고, 여행가방에서 출발한 루이비통은 창립 이후 150여 년이 지난 지금까지 핸드백과 여행용 액세서리, 스카프, 다이어리, 지갑, 슈즈 등과 같은 소품을 비롯해 의류 및 다양한 패션 상품들을 출시하고 있다.

루이비통은 인생을 움직이는 가치를 대표하는 키워드는 여행이며 그 길의 동반자가 바로 루이비통이라고 이야기한다. 유럽 증기 기관차가 뉴욕까지 횡단하는 것을 보고 이 같은 트렌드에 맞는 여행 가방과 액세서리를 디자인하고 직접 제작했다. 이것이 바로 명품의 대가 루이비통의 시초이며, 창립 이후 지금까지도 루이비통은 세계에서 가장 사랑받는 여행가방으로 알려져 있다. 루이비통의 여행가방은 대를 물려서 쓸 수 있을 정도로 튼튼하며 유행을 타지 않는 디자인을 유지하고 있기도 하다.

루이비통의 대표 상품 라인은 가방이며, 모노그램(Monogram) 라인, 다미에(Damier) 체크, 에삐(Epi) 라인, 모노그램 베르니(MonogramVernis), 타이가(Taiga) 등이 있다.

① 여행의 역사와 함께 출발한 루이비통 가방

루이비통이 프랑스 파리에 처음 가게를 열었을 때 사람들이 사용하던 여행 트렁크는 무거운 가죽으로 만들어진, 윗부분이 둥근 트렁크가 대부분이었다. 이를 면 캔버스를 씌워 사용했고 캔버스 표면에 풀을 먹여 방수 기능을 첨가한 트리아농 캔버스(Trianon Canvas) 소재를 개발했다. 그리고 짐칸에 여러 개의 트렁크를 쌓아 올릴 수 있도록 바닥과 상단을 평평하게 바꾸었다. 사각 트렁크는 여러 개 겹쳐 운반하기에도 매우 편했으며, 표면 소재도 알루미늄 또는 아연 덮개 처리된 밀폐 방수 캔버스를 사용해 습기와 곤충을 막는 탁월한 기능을 가지고 있었다.

그 당시 여행을 떠나는 부유층들에게 꼭 필요한 필수 아이템이 되었고, 이후 프랑스의 황후와 귀족들을 위해 여행 가방을 제작하면서 주문이 쇄도하기 시작했으며 가방 업계에 굉장한 성공을 거두게 된다.

루이비통 트렁크가 인기를 끌자 모조품들이 나오기 시작했으며, 이를 방지하기 위해 격자무늬, 꽃과 별무늬, L자와 V자를 포개 놓은 로고 등 독특한 패턴과 유니크한 디자인을 고안해 자신의 제품을 만들기 시작했다.

뛰어난 품질의 트렁크 메이커로 출발한 루이비통은 LVMH그룹을 형성해 힘을 키우고 1997년 뉴욕의 디자이너 마크 제이콥스(Marc Jacobs), 2013년 새로운 디자이너 니콜라 게스키에르(Nicolas Ghesquière)를 영입하며 세계적인 럭셔리 브랜드로 성장했다.

〈사진 8-19〉 루이비통 매장

② Monogram(모노그램)

루이비통은 1854년 여행용 트렁크 백으로 사업을 시작해 1896년 '모노그램 캔버스'를 내놓으며 명성을 얻기 시작했다. 루이비통의 인기로 인해 모조품들이 생겨나는 부작용이 따랐는데 이를 방지하기 위해 특유의 문양을 넣기로 하였다. 모노그램(monogram)은 회사 설립자인 루이비통을 기리는 의미에서 이름의 이니셜인 L과 V를 결합하고, 당시 유행하던 아르누보(식물의 줄기 등 자연에서 영감을 얻은 자유로운 곡선 형태를 장식적 특징으로 하여 새로운 양식을 창출)의 영향을 받은 꽃과 별 모양을 더한 패턴을 개발해 특허로 등록했으며 현재까지 루이비통을 상징하는 패턴으로서 자리를 지키고 있다.

〈사진 8-20〉 루이비통 모노그램

③ Damier(다미에)

루이비통의 대표 상품 라인 중 하나이며, 베이지와 짙은 브라운의 체크무늬, 초코렛색 트리밍으로 1888년 새로운 격자무늬 패턴 '다미에' 캔버스를 런칭하였다. 손질이 간편한 소재라 비가 오는 날에도 가볍게 들 수 있는 실용적인 라인이다.

02. GUCCI(구찌)

구찌(Gucci)는 구찌오 구찌(Guccio Gucci)가 이탈리아 피렌체(Firenze, 이탈리아 중부 토스카나쥬)에 설립한 이탈리아의 명품 브랜드이다. 1881년 구찌오 구찌는 피렌체에서 장인의 아들로 태어났다. 그는 부유한 가정의 아들로 태어났지만 집안 형편이 어려워지자 영국 런던으로 떠났다. 영국의 사보이 호텔에서 벨보이로 일하던 그는 가죽 제품에 눈을 뜨게 되고 이탈리아로 돌아와 가죽 전문 업체에서 가죽 공정을 배우게 된다. 1913년 피렌체에서 승마 가죽제품을 생산하며 상류층의 스포츠인 승마가 대중화됨과 동시에 사람들에게 신임과 사랑을 받았다.

1921년 피렌체에 자신의 성을 딴 '구찌'라는 가죽제품 전문점을 열어 이후 세 아들과 함께 1940년대 무렵 밀라노, 로마 등 이탈리아 패션 중심지를 비롯해 1950년대부터 런던, 뉴욕, 파리 등 전 세계로 매장을 확대하였다. 현재 핸드백, 여행 가방, 신발, 실크, 시계, 파인 주얼리 등을 선보이며 이탈리아를 대표하는 명품 브랜드로 자리잡고 있다.

① THE WEB(더 웹) - GRG(Green Red Green)

'GREEN-RED-GREEN' 구찌의 3라인 컬러가 조화된 더 웹은 1951년 말 등에 안장을 고정시킬 때 사용하는 캔버스 띠에서 영감을 받아 제작하였고, 호스빗 로퍼(Horsebit loafer) 역시 말에게 물리는 재갈의 모양을 응용해 장식하였다고 한다. '그린-레드-그린' 컬러 라인은 흔히 'GRG'라고 불리며 이를 응용한 '블루-레드-블루' 컬러의 'BRB'도 이후에 만들어졌다. GRG 삼색 컬러는 베스트 셀링 아이템으로 자리잡은 구찌만의 독특한 디테일로, 핸드백은 물론 의류, 가방, 신발, 벨트, 열쇠고리에도 이르는 다양한 악세서리에 적용하였다. GRG 더 웹은 1950년대에는 여행가방, 1961년에는 재키 백, 1970년대에는 A라인 스커트에 자주 사용되었고 프린트나 가죽 패치워크로도 변형되어 오랜 세월에 거쳐 광범위하게 사용되어 왔다. 특유의 스포티한 분위기로 구찌의 젊고 세련된 감각을 상징하며 오늘날까지 많은 사랑을 받고 있으며, 현대에는 화이트-블랙-화이트, 레드-블랙-레드 등 시즌마다 새로운 감각으로 변형되어 선보이고 있다.

  〈사진 8-21〉 구찌 더 웹

② Bamboo(뱀부)

구찌 스타일이 세계적인 명성을 얻은 것은 제2차 세계대전 이후 가죽이 부족하자 대안으로 선보인 말 안장에서 영감을 얻은 대나무 손잡이로 된 뱀부(Bamboo) 핸들백이다. 구찌 뱀부 핸들백은 대나무 소재를 이용한 핸드백으로, 1940년대 후반 최초로 대중들에게 선보이자마자 엄청난 인기를 얻으며, 센세이션을 일으킨 제품이다.

제2차 세계대전 당시 전쟁으로 인해 부족한 가죽을 대신해 만든 캔버스 천 가방이 히트를 치며 구찌의 이름을 전 세계적으로 알렸다. 전쟁이 끝난 이후 수많은 이탈리아 가죽 업체가 도산했지만 구찌는 일반적인 가죽 대신 돼지 피혁을 활용해 생존 경쟁에서 살아남았다. 또한 유일하게 수입이 가능했던 대나무로 가방을 만들었다. 이렇게 탄생한 것이 바로 뱀부백이다. 13시간 가량 대나무에 열을 가해 둥근 형태로 구부린 것은 말 안장의 곡선적 형태에서 영감을 받았으며, 승마용품에서 영감을 받은 초창기 구찌의 디자인 특성을 그대로 갖췄다. 뱀부백은 귀족과 유명인사의 애장품으로 큰 인기를 얻었으며 구찌를 최고의 브랜드로 만들었다. 대나무를 부드러운 곡선 형태의 튼튼한 조임새 핸들로 만들어 내는 뱀부 핸들 공정 기법은 지금도 전통적인 피렌체 장인들의 수작업에 의해 제작되고 있으며, 구찌는 다양한 소재와 디자인에 뱀부 핸들을 접목해 선보이고 있다.

〈사진 8-22〉 구찌 뱀부(Bamboo)백

③ Horsebit(홀스빗)

홀스빗은 승마 시 말에게 물리는 재갈의 모양에서 영감을 얻었다. 로퍼는 1953년 승마용 재갈에서 영감을 받아 탄생한, 구찌를 대표하는 신발이다. 호스빗 로퍼는 금속 장식을 신발의 발등에 장식하는 획기적인 시도를 인정받아 1985년부터 메트로폴리탄박물관(Metropolitan Museum)에

'디자인과 크래프트맨십의 패셔너블한 시도'라는 타이틀로 영구 전시되어 있다. 1950년대 처음 핸드백에 사용된 뒤, 주로 구두와 가방에 많이 쓰이면서 지금까지 구찌의 대표적인 아이콘으로 사랑받고 있다.

〈사진 8-23〉 구찌 홀스빗

03. MCM(엠씨엠)

독일 글로벌 럭셔리 브랜드 MCM(대표 김성주)의 본 고향은 독일 뮌헨이다. 1976년 창립자 Michael Cromer Munchen이 독일 뮌헨에서 설립하였다. 1990년대까지 MCM은 전 세계에 250개 이상의 매장을 보유하고 있었고 세계 명품 시장의 새로운 이정표를 제시하는 '1980년대의 대표 럭셔리 브랜드'로 명성을 드높였었다. 하지만 2000년대 들어 이탈리아, 프랑스의 중저가 브랜드에서 다양한 제품을 소개하면서부터 MCM의 인기가 주춤해지고 사업이 곤경에 처하게 되었다. 유사품이 시장에 넘쳐났으며 브랜드 디자인은 매력을 잃었다. 이후 장기간 MCM은 서양 패션업계에서 거의 잊혀진 존재가 되었다.

2005년, MCM 브랜드 라이센스를 가지고 있던 한국의 성주그룹 김성주 회장이 MCM 지분 100%를 인수했다. 인수 당시 130여 나라가 진출해 있던 MCM 매장은 2006년까지 모두 문을 닫았다. 명품 이미지 재구축을 위해 수천만 달러의 손해를 감수한 것이다. 이후 이름을 변경하고 젊은 감각의 크리에이티브 디렉터를 영입했다. 아디다스 출신의 마이클 미셸스키(Michael Michalsky)를 영입한 MCM은 젊고 감각적인 브랜드로 탈바꿈했다. 내부 정비를 마친 MCM은 2007년부터 본격적으로 유럽과 미국 그리고 아시아 등에 매장을 오픈하기 시작했다.

새롭게 탈바꿈한 MCM의 제품을 본 사람들의 반응은 폭발적이었다.

스포티하고 역동적이며 젊은 느낌의 디자인을 만들었고 그 결과는 매우 성공적이었다. MCM은 21세기적 감수성과 다문화적 자유분방함을 표현하면서 세계 시장에서 주목 받는 21세기 대표 브랜드가 되었다.

① MCM 스타크 백팩

MCM브랜드 로고와 징이 박힌 화려한 백팩이며, 성주디앤디의 MCM을 대표하는 스테디셀러이자 많은 중국인들의 선택을 받은 MCM은 독특하고도 화려한 가방이다. MCM의 시그니처인 비세토스로 완벽하게 제작된 스타크 백팩은 4개의 포켓에 더해 노트북을 보관하기 위한 내부 슬리브를 갖추고 있다. 여기에 더해, 럭셔리한 모조 나파 가죽 라이닝이 미니멀한 형태와 멋진 대조를 이룬다.

② 토니 비세토스 쇼퍼

MCM의 대표 패턴인 비세토스(Visetos)의 '다이아몬드' 문양은 고대 유럽의 놀이용 카드에서 유래됐으며 변하지 않는 아름다움을 뜻한다고 한다. 나파(Nappa)가죽 트림이 된 코티드 캔버스 소재의 시그니처 비세토스로 제작한 토니 쇼퍼는 독특하고 실용적이며 기하학적 형태가 돋보인다. MCM 스트리트 헤리티지에서 영감을 받은 체인 링크 모티프가 프린트된 고급스러운 코튼 캔버스 수납공간에 상단 지퍼 클로저가 있어 소지품을 안전하게 보관할 수 있어 활용도가 뛰어나다.

8.4 국내 브랜드

01. 정관장(홍삼)

KGC 인삼공사 120년 전통의 노하우로 만든 6년근 홍삼 브랜드이다. 정관장은 국내산 6년근 홍삼만을 고집하고 있으며, 정관장 제품으로 홍삼의 새로운 기능을 식약처에서 인정받는 등 홍삼의 표준을 만들어가고 있다. 우리 땅 재배 예정지를 찾아 재배 전 토양관리에 만 1년 이상의 시간을 투자, 토양에서부터 안전성 검사를 시행하고 7~8년간 땅의 기운을 담아 100% 계약 재배한 인삼만을 사용해 안전성을 보장한다.

정부 기준보다 더욱 엄격한 290가지 이상의 안전성 검사를 7회에 걸쳐 실시하며, 엄격하게 품질을 관리하고 있다. HACCP(Hazard Analysis and Critical Control Points: 위해 요소 중점관리 기준) 인증을 획득하였고, 업계 최초 ISO22000을 획득하였다. '건강기능식품 이력추적' 시스템을 통해 제품 기본정보, 원재료정보, 품질정보, 출하 정보 등의 기록을 관리하고 있다.

① 정관장 홍삼정

홍삼정은 6년근 홍삼을 진하게 달여 다양한 홍삼 유효성분이 함유된 100% 홍삼농축액으로서 홍삼 본연의 맛과 향이 우수한 정관장 대표 홍삼 제품이다. 100년 노하우로 추출, 농축하여 다양한 홍삼 유효성분이 균형있게 함유되어 면역력 증진에 도움을 줄 수 있다.

홍삼은 예로부터 왕실 간 교역품이자 임금께 바치는 진상품이었다. 1995년 프랑스 일간지 '르몽드'지에 프랑수아 미테랑 대통령의 고려인삼 복용 기사가 실렸고, 1990년대는 한국을 방문한 엘리자베스 2세의 국빈 선물로 선정되었으며, 2010년 11월에는 서울에서 개최된 G20 정상회의에서도 국빈 선물로 선정, 다시 한번 전 세계에 그 진가를 확인하였다. 정관장 홍삼이 특별한 이유는 100% 계약재배를 통해 원료를 조

달함으로써 철저한 품질관리를 기하고 있으며, FDA에 철저히 기준한 미국시장 수출 제품을 개발하고 있기 때문이다.

〈사진 8-24〉 정관장 홍삼정

② 홍삼 뿌리

정관장 뿌리삼은 형태는 물론 내부조직 등 수백 가지 기준에 의해 천삼, 지삼, 양삼, 절삼으로 구분되며, 홍삼 장인의 손을 거쳐 최고급 상품으로 태어난다. 홍삼 본연의 순수하고 부드러운 맛과 함께 제대로 된 홍삼의 기운을 느낄 수 있는 제품이다.

'천삼'은 과거부터 중국 장쩌민 주석, 영국 엘리자베스 2세 여왕, 프랑스 미테랑 대통령에게도 선물했을 정도로 해외 각국 정상급 국빈에게 선물하는 대한민국 대표 홍삼이다. 홍삼 중의 홍삼인 천삼은 유통되는 수량이 한정되고 구입하려는 수요가 많아 대부분 매장에서 오랫동안 기다려야 살 수 있다.(종류: 천삼, 지삼, 양삼, 절삼, 달임액 등)

02. 설화수-아모레퍼시픽

아모레퍼시픽의 한방 뷰티브랜드이며 인삼, 모란, 백합 및 기타 허브와 같은 천연재료를 기반으로 피부 수분과 탄력을 증진시키는 성분으로 잘 알려져 있다. 1966년, 인삼을 원료로 한 화장품 'ABC 인삼크림'을 선보였고, 이후 인삼에 대한 열정은 한방에 대한 연구로 진화하였고, 1997년에 전통 처방과 현대 피부과학 기술을 접목시킨 한방 화장품 브랜드 설화수가 시작되었다.

설화수는 예로부터 다양한 효능을 지녀 아시아의 가장 귀한 약용식물로 여겨진 인삼을 뿌리부터 열매까지 면밀히 연구하였다. 한방과학연구센터를 통해 한방 및 인삼 소재를 연구하고 인삼의 뿌리만 연구하던 것을 뛰어넘어 인삼의 뿌리부터 머리까지 모든 부위를 연구하는 진세노믹스™를 통해 인삼의 숨겨진 피부 효능까지 밝혀냈다.

- 윤조에센스

설화수만의 고유 원료인 자음단™을 원료로 만들어진 윤조에센스는 최초의 한방 부스팅 세럼으로 획기적인 성공을 거뒀으며, 설화수를 대표하는 글로벌 베스트셀러 제품이 되었다. 1997년 출시한 설화수 윤조에센스는 전 세계 고객이 10초마다 1병씩 구매하는 베스트셀러이다. 세안 후 피부에 가장 먼저 사용하는 퍼스트 안티에이징 에센스이며, 스킨케어 첫 단계에 발라 다음 단계 제품의 효과를 촉진시키는 부스팅 에센스(고가의 에센스, 세럼, 크림의 효과를 극대화시키기 위해 피부 세안 후 제일 먼저 사용하는 에센스) 카테고리를 개척한 대표 제품이다.

- 자음생크림

그 외에도 인삼씨에서 추출한 오일을 사용하여 피부 방어력을 강화시켜주는 '자음생 페이셜 오일', 특화재배법인 수경재배 연구를 통해 얻은 인삼 잎/줄기를 추출한 사포닌 성분을 담아낸 '자음생 아이크림', 그리고 인삼 뿌리와 꽃의 핵심 성분을 담아낸 '자음 생크림' 등이 인삼 연구의 대표적인 성과물이다.

〈사진 8-25〉 설화수

03. 더 후(더 히스토리 오브 후) – LG생활건강

LG생활건강의 한방화장품 브랜드 '더 히스토리 오브 후'는 궁중 스토리를 담은 화려한 디자인과 뛰어난 품질력을 바탕으로 하며, 궁중 의학 서적에 대한 기록과 궁중 왕실의 비방이 적혀있는 고서를 분석해 제품에 적용하고 있다. 브랜드 로고는 임금 후(后)와 궁중의 악기인 해금의 모양을 형상화했다.

피부에 좋은 한방 원료를 선별하여 촉촉하고 풍부한 영양감이 잘 전달되는 고농축 제형을 개발했으며, '왕'과 '왕후'라는 스토리와 궁중의 신비로움과 왕후의 권위를 반영한 용기와 디자인으로 한방 브랜드의 차별화에 성공했다. 화장품 용기도 직선이 아니라 왕실의 도자기 모양을 빗대 둥근 곡선 형태로 제작했고, 궁중 보석의 하나인 호박과 금으로 브랜드 컬러를 드러내 '후'만의 고유성을 강조했다. 궁중 문화유산을 접목해 스토리가 있는 화려하고 세련된 디자인으로 국내는 물론 글로벌 시장에서도 고객의 눈길을 사로잡았다.

'후'의 성공요인은 재구매율이 높은 뛰어난 품질, 궁중 스토리를 담은 제품의 화려한 디자인, 럭셔리 마케팅으로 기존의 한방화장품과는 차별화된 가치, 이렇게 크게 3가지로 꼽을 수 있다.

- 비첩 자생 에센스

후 대표 에센스 라인으로 보물 1055호 백자 태항아리에서 모티브를 얻은 아름다운 곡선미를 고스란히 담아냈다. 피부 스스로 살아나는 본연의 힘을 키워주는 '초자하비단' 성분에 궁중 3대 비방인 '공진 비단', '경옥비단', '청심 비단' 성분을 더해 끈적이지 않고 촉촉하게 사용할 수 있는 한방 에센스이다. 9년 연속 국내 안티에이징 에센스 부문에서 1위를 지켜오고 있다.

- 후 천율단

'후 천율단'은 럭셔리 토탈 케어 라인이다. 주요 성분은 9대 신선초이자 황실의 진귀한 약재인 '철피석곡'으로 해발 1000m 이상의 절벽 틈새에서 자연의 기운으로 자라 생명력이 강하다. 이는 천율단만의 럭셔리 광채 리프팅(탄력)으로 더욱 매끄럽고 빛나는 피부를 선사한다.

- 후 공진향 인양 로션

공진비단과 산삼동충하초의 성분으로 피부를 다스리는 후의 기초라인이며 충분한 영양과 보습감을 선사하여, 피부에 윤기와 생기를 부여해 주는 한방 영양 로션이다.

- 후 향리담 오 드 퍼퓸 로얄 피오니

왕후의 기품과 우아함이 느껴지는 세련된 향기의 향수, 화려한 디테일이 돋보이는 디자인에 로얄 퍼플 컬러를 은은하게 표현해 왕후의 고귀함과 품격을 아름답게 구현했다.

〈사진 8-26〉 후

학습평가

1. CHANEL 브랜드에 대한 설명으로 적합하지 않은 것은?

   ① 1921년 코코 샤넬은 샤넬 No.5를 소개하여 패션의 한 분야로 창조,
      토털 룩의 개념을 최초로 소개하였다.

   ② 화려함, 관능미, 여성미의 상징인 샤넬 향수는 향수의 영원한 고전
      으로 불리고 있다.

   ③ 인류 최초의 인공 향수 '샤넬 No.7'은 83가지의 꽃향기와 화학합성
      알데히드를 브랜딩하여 제조되었으며, 한 가지 원료로만 향수를
      만들던 시대에 천연원료와 합성물의 조화를 통해 새로운 시대의
      문을 활짝 연 것이다.

   ④ 20세기 초 샤넬은 보기에도 아름다울 뿐 아니라 매우 실용적인 의
      상들을 디자인하여 여성들을 해방시키면서 현대여성의 이미지를
      최초로 창조해냈다.

2. 각 브랜드별 설명이 맞지 않는 것은?

   ① 까르띠에의 '산토스(Santos)'는 가죽 스트랩이 달린 세계 최초의 손
      목시계이며, 까르띠에의 친구인 비행사 뒤몽을 위해 제작한 최초
      의 남성 시계로 알려져 있다.

   ② 미스 디올은 디올의 대표적인 향수 라인이다. 크리스찬 디올이 여
      성의 곡선을 강조한 '뉴룩'을 발표하며 패션계를 뒤흔든 후, 자신
      이 만든 드레스만큼이나 한없이 사랑스러운 향수를 만들고 싶다
      며 만든 향수가 바로 미스 디올이다.

   ③ 랑콤의 새로운 장미 화장품 중에는 다마스크 로즈 꽃잎 150장을
      농축해야 단 한 방울이 나오는 고농축 에센셜 오일을 넣은 '압솔

뤼 프레셔스 셀 로즈 실키 크림'이 있다.

④ 크리스찬 디올은 피부과 전문의의 처방과 콘셉트를 그대로 도입한 스킨케어와 메이크업 제품을 동시에 갖춘 최초의 브랜드이며 1968년 뉴욕에서 출시됐다. 컴퓨터에 의한 피부 측정을 통해 철저한 알레르기 테스트를 거친 100% 무향의 스킨케어와 메이크업 제품을 선보이고 있다.

3. 각 브랜드에 대한 설명으로 맞지 않는 것은?

① 불가리는 1940년대에 들어서면서 처음으로 시계를 제작하기 시작했는데 당시의 일반적인 형태의 시계는 아니었다. 불가리 특유의 브레이슬릿 형태의 시계는 용에서 직접적인 영감을 얻었다.

② 1961년, 영화 '티파니에서 아침을'은 뉴욕 티파니 매장을 전 세계에 알리는 결정적 계기가 되었다. 홀리 고라이틀리(Holly Golightly) 역할을 맡은 오드리 헵번(Audrey Hepburn)은 이른 새벽, 뉴욕 5번가 티파니 매장 앞에 서서 샌드위치와 커피를 먹고 마시며 티파니의 쇼윈도를 하염없이 바라보는데, 이 장면을 통해 티파니는 여성들에게 상류사회의 상징으로 인식되었다.

③ 티파니는 최상급의 원석만을 사용하고 특별한 세팅기술을 갖추고 있으며 다양한 웨딩 컬렉션을 선보이고 있어 '신부들의 로망', '웨딩 링의 대명사'로 인정받고 있다.

④ 구찌 스타일이 세계적인 명성을 얻은 것은 제2차 세계대전 이후 가죽이 부족하자 대안으로 선보인 말안장에서 영감을 얻은 대나무 손잡이로 된 뱀부(Bamboo) 핸들백이다. 구찌 뱀부 핸들백은 대나무 소재를 이용한 핸드백으로, 1940년대 후반 최초로 대중들에게 선보이자마자 엄청난 인기를 얻으며, 센세이션을 일으킨 제품이다.

4. 각 브랜드에 대한 설명으로 맞지 않는 것은?

① 정관장 홍삼정은 3년근 홍삼을 진하게 달여 다양한 홍삼 유효성분이 함유된 100% 홍삼농축액으로서 홍삼 본연의 맛과 향이 우수한 정관장 대표 홍삼 제품이다.

② MCM은 1976년 창립자 Michael Cromer Munchen이 독일 뮌헨에서 설립하였으나, 2005년, MCM 브랜드 라이선스를 가지고 있던 한국의 성주그룹이 MCM을 인수했다.

③ 설화수는 아모레퍼시픽의 럭셔리 한방 뷰티 브랜드이며 인삼, 모란, 백합 및 기타 허브와 같은 천연 재료를 기반으로 피부 수분과 탄력을 증진시키는 성분으로 잘 알려져 있다.

④ LG생활건강의 한방화장품 브랜드 '더 히스토리 오브 후'는 궁중 스토리를 담은 화려한 디자인과 뛰어난 품질력을 바탕으로 하며, 궁중 의학 서적에 대한 기록과 궁중 왕실의 비방이 적혀있는 고서를 분석해 제품에 적용하고 있다.

정답 Chapter **08**

01 ③   02 ④   03 ①   04 ①

연구과제

1. 자신이 좋아하는 브랜드를 찾아 그 브랜드에 대한 스토리를 발표해 보시오.

2. 중국 관광객에게 인기 있는 브랜드 Top 5를 조사하고 브랜드별 특징을 말해 보시오.

면세점 쇼핑 고객을
위한 이문화 이해

DUTY
FREE

우리나라를 찾은 중국인 관광객은 면세점 매출에서 다른 외국인 관광객에 비해 큰 비중을 차지하고 있다. 방한 중국인 관광객의 주요활동은 쇼핑으로, 평균적으로 총여행경비의 62%를 쇼핑에 사용했으며, 주요 쇼핑 장소는 시내면세점과 공항면세점으로 나타났다.

본 PART에서는 방한 중국인 관광객의 증가로 중국인 고객의 특성을 알고, 고객응대 시 참고사항이 될 수 있는 내용에 대하여 구체적으로 학습한다. 문화 다양성으로 인한 잠재적 갈등요소를 사전에 대비하고, 글로벌 직원으로서의 장기적인 경쟁력을 확보할 수 있다.

학습목표

- 중국 고객의 특성을 알고, 고객응대 시 참고사항이 될 수 있다.
- 중국 고객의 소비 성향을 알 수 있다.
- 중국 고객이 좋아하는/기피하는 색, 숫자, 선물을 알고 고객응대 시 현장에서 적용할 수 있다.

목 차

면세점 쇼핑 고객을 위한 이문화 이해

9.1 면세점 주요 쇼핑 고객, 중국 소비자의 특징

문화다양성으로 인한 잠재적 갈등요소를 사전에 대비하고, 글로벌 직원으로서의 장기적인 경쟁력을 확보하기 위해서는 중국 소비자의 특징 파악이 중요하다. 중국 소비자를 세분화하여 바라보는 관점과 다양한 전략 또한 필요하다. 중국 시장은 사회와 문화의 다양성 및 고유의 특수성도 지니고 있어 중국인의 소비문화 및 시대별 라이프스타일에 대한 이해가 우선되어야 한다.

중국은 경제성장과 소득수준의 향상에 따라 중산층이 늘어나고 있으며 글로벌 문화와의 동조화로 대도시를 중심으로 선진국형 소비문화가 확산되고 있다. 1인 가구와 맞벌이 부부 등 다양한 가족 형태가 등장하고 있으며 서구문화의 유입, 인터넷의 발달 등 개성적인 삶을 추구하는 경향이 커지고 있다. 중국의 신세대들은 성장하면서 서구의 현대적 소비 방식과 사고방식에 익숙하며 개성을 우선시하는 사회적 분위기로 변화되고 있다.

중국 소비자들은 세대별로 소비패턴이 서로 차이를 보이는 경향이 크지만, 최근 들어서는 1980년대 태어난 '바링허우'와 1990년 이후 태어난 '쥬링허우(后)' 세대가 중국 경제를 지탱하는 중추로 자리 잡으면서 그들의 부모 세대와 자녀 세대에까지 미치는 소비 영향도 커지고 있다.

최근 중국에서 가장 주목하는 소비자층은 바링허우와 쥬링허우, 그리고 링링허우 세대이다.

첫째, 바링허우(80后, 1980년대 생)는 중국 정부가 1가구 1자녀의 산아제한정책 이후 1980년대에 태어난 샤오황디(小皇帝; 소황제) 또는 샤오궁주(小公主; 소공주)라 불리는 세대인데 외동아들, 외동딸로 태어나 물질적으로 풍요롭고 사랑을 집중적으로 받고 있다. 개인주의적이면서도 높은 소비지향적 성향을 보이고 교육수준 또한 월등히 높은 편이며 외국문화를 쉽게 받아들이고 자기 나름의 개성이 강하다.

둘째, 쥬링허우(90后, 1990년대 생)는 중국에서 1990년대 출생한 세대로 2기 소황제 세대라 불리며 거대한 소비력을 가진 계층이라 할 수 있다. 쥬링허우는 중국 전체 소비 금액의 35%에 달할 것으로 추정하고 있고 한국의 1990년대 생처럼 디지털 디바이스 사용에 능하고 인터넷 정보를 즐기는 세대이다. 쇼핑 성향은 단순히 제품이 주는 편익에만 구매성향이 좌우되지 않고, 자신만의 감성을 자극하여 마음을 움직일 수 있는 제품 등에 관심을 가지고 있으며, 개인주의적 사고방식과 행동방식이 주류를 이루고 있다.

셋째, 링링허우(00后, 2000년대 생)는 바링허우, 쥬링허우에 이어 21세기(2000~2009년)에 태어난 중국의 신세대를 가리키는 말로 '밀레니엄 세대'라고도 한다. 부모는 기본적으로 그동안 중국의 '소황제(小皇帝)'로 불렸던 70년대 생과 80년대 생들이고, 링링허우는 중국 정부의 '1가구 1자녀 낳기 정책'이 폐지되기 전 태어난 마지막 소황제 세대인 셈이다. 경제적으로 모자람이 없는 이 세대들이 중국 시장의 중심 소비자가 되고 있다.

링링허우의 일반적인 특징은 어릴 때부터 모바일 사용에 익숙한 세대이다. 그래서 이들의 생활에서 휴대폰이 차지하는 비중은 매우 크다. 바링허우가 청소년일 때 중국은 정보화 시대가 되면서, 쥬링허우는 어릴 때부터 인터넷 시대에서 자랐고, 나아가 지금의 링링허우는 모바일 인터넷 시대에 살고 있다. 그래서 중국에서는 모바일에 익숙하고 모바일 인터넷을 자주 이용하는 이들을 '모바일 인터넷 원주민(移动互联网原住民)' 이라고 부른다. 이런 명칭이 말해주듯 중국 청소년연구센터(中國靑少年硏究中心)의 통계에 따르면 링링허우의 휴대폰 소지율은 64.6%에 달하는데, 이는 쥬링허우 청소년의 약 여덟 배에 달한다. 또한 중국의 인기 게임인 펜타스톰의 누적 가입자 수가 2억 명을 넘었고, 하루 이용자 수도 8,000만 명에 달하는데 그중 링링허우의 점유율이 20%를 넘는다.

현재 중국 소비시장은 비약적으로 성장중이며 고령화와 1자녀 정책 등에 따른 인구 구조의 변화와 상류층과 중산층의 소비 여력의 상승에 따른 소비 패턴의 변화가 두드러진 특징이라 할 수 있다.

9.2 중국 소비자의 소비패턴

1) 인터넷 시장 및 전자상거래 시장의 성장

정보의 획득 속도가 빨라지면서 구매하고자 하는 제품의 상세한 정보는 물론 사용자들의 평가도 한눈에 볼 수 있게 되었다. 또한, 자신이 구매한 제품에 대한 평가와 사진까지 실시간으로 인터넷을 통해 공개하면서 제품에 대한 투명도가 높아졌으며, '웨이보(微博)' 검색을 통해 제품의 가격 정보와 평가를 확인하는 사람들이 늘어나고 있다. '웨이보(微博)'의 사용자가 20, 30대 젊은층에 집중되어 있지만, 빠른 확산속도를 볼 때 중국에서도 사이버 영역의 마케팅이 중요한 시대가 되었다.

전자상거래가 소비시장 성장을 주도하고 있는 가운데 온라인 직구 플랫폼을 통한 해외 소비재 수입규모가 크게 성장하였으며, 알리바바 연구소에 따르면 소비자들의 전체 온라인 소비 중 해외 직구 비중은 1.6%(2014년)에서 10.2%(2017년)까지 증가하였다. 특히 1990년, 1995년 이후 출생자인 90后, 95后 세대가 해외 수입품 직구의 최대 고객으로 부상하고 있으며 최근 웨이보(微博), 웨이신(微信), 각종 동영상 플랫폼 등 SNS를 활용한 소셜 e커머스(社交电商) 시장이 빠르게 확대되고 있다.

2) 건강과 친환경을 지향하는 웰빙족의 등장

과거에 비해 중국 소비자들의 소득이 증가하고 소비 선택의 폭이 넓어지면서 점차 기본적인 욕구 충족보다 소비의 질을 중시하는 추세이며, 식품 소비 외에도 중국의 빠른 경제 발전에 수반되는 환경오염 속에 '건강한 삶'을 유지하는 것에 관심이 집중되고 있다.

3) 명품 소비의 증가

중국의 명품 소비는 제품의 기능적인 욕구보다 제품의 상징적인 가치를 추구하면서 자신의 개성과 사회적인 신분을 나타내고자 하는 '과시적 소비' 성향이 증가하고 있다. 또한, 일부 상위 부유층에 국한되었던 '명품 소비'가 신규 중산층에게도 급속히 확산되면서 사치품의 소비 규모와 수요가 급증하고 있다. 중국의 명품소비자의 평균 연령은 서구에 비해 10세 이상 낮으며, 특히 '바링허우(80后)세대'의 명품 구매가 크게 늘어나면서 점차 저연령화 양상을 나타내고 있다. 과거에는 '신분 과시'가 주요 목적이었다면, 최근에는 '자기만족'을 위한 명품 구매가 늘어나는 추세로 명품 소비 연령에 따라 구매 동기도 달라지고 있다.

2017년부터 중국 소비시장은 새로운 소비 주력군으로 부상한 Z세대(일반적으로 1995년~2000년 이후 출생자들로 3억 명에 달하며 '온라인 세대', '모바일 원주민 1세대'로 디지털 신기술과 온라인 환경에 익숙한 젊은 소비층)를 중심으로 명품 구매가 크게 늘어나고 있으며, 어릴 때부터 풍요로움을 누리며 자라온 이 세대들은 자신들의 소비뿐만 아니라 자녀들에게도 그 소비패턴을 물려주고 있다.

4) 우먼파워 소비시장

최근 중국의 소비시장에서 여성이 소비의 주력으로 등장하였다. 이들은 고학력, 고소득, 고직위 특징을 가진 독신 여성들로 대부분 자기 성취욕이 높으며 자신에 대해 아낌없는 투자를 하는 경향이 있다. 특히, 보석, 화장품, 부동산, 자동차 등의 분야에서 이들의 구매결정권이 커지고 있으며, 소비 대상 역시 고품질·고가화 되는 성향을 보이고 있다. 최근 들어 여성만을 대상으로 하는 시장이 생겨나면서 시장별로 아이템이 세분화되고 있다. 또한, 중국의 새로운 소비 채널로 부상한 온라인 쇼핑의 경우도 20대 여성들이 주력 소비층으로 부상하였으며, 구매 분야는 화장품, 의류, 아동용품 등 제품구매에서 보험, 여행 등 서비스 상품 구매까지 확대되고 있다.

5) 실버 마켓(银发经济)의 등장

실버 세대에 대한 사회의 관심이 높아지면서 시니어 세대가 신규 소비층으로 부상하고 있다. 건강식품, 보건, 레저, 관광, 금융, 부동산, 지역 서비스, 노인 교육 등의 분야에서 실버 산업의 시장규모가 증가하고 있어 향후 잠재력이 크다고 할 수 있으며, 실버 산업은 의료, 보호, 요양, 문화가 함께 어우러진 건강한 삶을 중시하는 새로운 방향으로 전환되고 있다.

9.3 중국인이 좋아하는/기피하는 색

1) 좋아하는 색: 빨간색(행운, 복, 성공)

중국에서 붉은색은 행운을 가져오고 액운을 쫓는 색으로 여긴다. 세뱃돈이나 결혼식 축의금을 줄 때 복, 길, 재 등의 글자가 적힌 '홍바오'라는 붉은색 종이봉투에 넣어 주는 것이 관습이다. 중국 시장 공략을 위한 붉은색 마케팅 성공 사례로, 우리나라의 오리온 초코파이가 있다. 중국인이 좋아하는 붉은 봉지와 네이밍(하오리여우, 좋은 친구)으로 중국시장에 진출하여 큰 효과를 거두었다.

〈사진 9-1〉 중국의 홍바오 / 중국의 초코파이

2) 기피하는 색: 흰색, 검은색

중국의 오행설에 따르면 흰색은 서쪽과 가을을 상징한다. 서쪽은 찬 바람이 부는 방향, 가을은 생명이 시드는 계절을 나타내기 때문에 중국에서 흰색은 보통 죽음을 나타내고, 상을 당한 경우 상복의 색이며, 부의금을 낼 때는 흰 봉투에 넣어서 전달한다.

흰 봉투 - 부의금 낼 때만 사용
홍바오(붉은 봉투) - 결혼식 축의금 등 사용

9.4 중국인이 좋아하는/기피하는 숫자

1) 좋아하는 숫자: 6, 8, 9

중국 사람들도 좋아하는 숫자와 싫어하는 숫자가 있다. 우리나라 사람들이 숫자 4가 한자의 죽을 사(死)와 발음이 비슷하다 하여 싫어하는 것처럼, 중국인들도 발음 때문에 싫어하고 좋아하는 숫자가 나뉜다.

중국인들이 가장 좋아하는 숫자는 8이다. 8(八, bā, 빠)은 '돈을 벌다'라는 发财(fācái-파차이)에서 비롯하는데, 8의 발음인 (bā-빠)와 발음이 비슷하여 행운의 의미로 여겨지기 때문이다. 중국에선 8이 돈 버는 숫자로 통하는 것이다. 8자가 많이 들어가는 전화번호나 자동차의 번호는 막대한 프리미엄이 붙어 거래된다.

이 외에 오래간다, 장수한다는 의미의 久(jiǔ, 지우)와 발음이 같은 숫자 9(九, jiǔ)와 순조롭다는 뜻의 流(liú, 리우)와 발음이 비슷한 6(六, liù)도 중국인들이 좋아하는 숫자다. 중국인들은 짝수가 짝을 이루어 안정감이 있다고 여겨 홀수보다 좋아하며 그중 숫자 2(二, èr, 얼)는 짝수를 대표하는 수로 여겨져 비교적 선호되는 숫자이다.

| 流(리우-liú) 순탄하게 흐르는 물의 이미지를 떠올리게 되는 흐를 류 | 發(빠-fā) 숫자 '8'(八)은 돈을 번다는 뜻인 '파차이'(發財)의 '파'(發)와 발음이 비슷 | 久(지우-jiǔ) 오래 변하지 않는다, '장수하다'라는 뜻의 '지우'(久)와 발음이 비슷하기 때문 |

• 중국, '행운의 8'에 담긴 숨은 의미

재물운과 행운을 상징하는 숫자이며, 중국인들은 8을 좋아해, 중국 베이징올림픽 개막일도 2008년 8월 8일 오후 8시 8분 8초였다. 중국 큰 회사의 전화번호는 8자로 이뤄진 것이 많으며, 전화번호뿐 아니라 자동차번호 역시 8자로 이뤄진 경우 경매 물건으로 나오는데, 고가에 낙찰되는 경우가 많다.

2008년 베이징올림픽   개회식 8월 8일 오후 8시 8분 8초   폐회식 오후 8시

〈사진 9-2〉 2008년 베이징올림픽

• 중국에서는 차 번호판이 1000만 원 좋은 번호판은 3억원도

2015년 8월, 중국 매일경제 신문보도에 따르면 중국 선전시에서 최근 낙찰된 자동차 번호판 가격은 5만 4237위안(원화 990만 원)이라고 했다. 숫자

8이 돈을 번다는 뜻의 발(發)과 발음이 비슷해 인기가 높다. 중국 일부 지역에서는 자동차 번호판 '8888'의 경우 상당히 비싼 가격에 낙찰되기도 한다.

〈사진 9-3〉 중국의 고가 자동차 번호판

• 숫자 '2'도 선호, 짝수를 이루면 안정감이 있다

선물을 할 때 짝수로 선물하는 것을 좋아한다. 술 한 병이 아니라 두 병, 담배 한 보루가 아닌 두 보루를 선물한다. 홀수보다 짝수를 좋아하므로 축의금이나 보너스를 줄 때는 항상 짝수로 주는 것이 좋다.

2) 중국인이 싫어하는 숫자 4, 7, 3

중국인들이 가장 싫어하는 숫자는 4이다. 4(四 sì, 쓰)가 '죽다'라는 뜻의 死(sǐ)와 발음이 비슷하기 때문이다. 이 외에 화를 내다는 뜻의 生氣(shēngqi, 셩치), 氣(qi)와 발음이 비슷한 7(七, qī)는 화를 부른다고 여기며, 3은 흩어진다는 뜻의 散(sǎn, 싼)과 발음이 비슷해 재물이 흩어진다고 여겨 기피하는 숫자다. 우리와 비슷하게 자동차번호, 방번호 등에 숫자 4를 쓰는 것을 꺼린다.

숫자 4(四, sì)의 발음이 죽는다는 뜻인 死(sǐ)와 발음이 비슷하기 때문. 우리와 비슷하게 자동차 번호, 방 번호 등에 숫자 4를 쓰는 것을 꺼려한다.	7은 화를 낸다는 뜻인 生氣(셩치 – shēngqi)의 뒷부분 氣(qì)의 발음과 같아서 '화를 부른다'는 의미로 여겨져 기피한다.	3은 흩어진다는 뜻의 散(sǎn, 싼)과 발음이 비슷해 재물이 흩어진다고 여겨 기피한다.

9.5 중국인이 좋아하는 선물

중국에서 선물은 꽌시(關係관계)형성의 기본이자 교제의 중요한 수단이며 비즈니스를 시작하는 첫걸음으로서 중요한 의미를 가진다. 중국에서 선물은 주는 사람이 받는 사람에게 보이는 관심의 표시일 뿐만 아니라 주는 사람의 신분적 상징성을 나타내는 중요한 매개체이다. 따라서 중국 비즈니스와 인맥 구축을 위해서는 중국인들이 어떤 상황에서 어떤 선물을 좋아하는지, 그리고 어떤 선물을 금기시하는지에 대한 사전 학습이 필요하다. 중국의 선물 문화는 숫자, 컬러 문화와 더불어 중국 비즈니스 문화를 이해하는 3대 주요 핵심요소이다.

중국인은 선물을 주고 받을 때 내용물을 같이 말해 주는데 현장에서 선물을 뜯어서 확인하지 말고 고맙다고 정중히 인사만 하면 된다. 또한 예쁜 포장은 존경을 상징하므로 포장지의 색깔 역시 중요하다. 행운과 성공을 상징하는 붉은색, 황금색이 좋다.

• 술

중상류층 중국인들이 가장 좋아하는 선물은 술이다. 그중에서도 와인과 위스키를 가장 선호하며 레드 와인은 받는 이에 대한 존귀함을 표시하므로 가장 선호하는 술 선물이며, "고급 문화"라는 인식이 있어 "부의 상징"으로도 여겨진다.

• 담배

남자들 간 서로 친구가 되자는 의미로 담배를 건넨다. 새로운 친구를 사귀거나 친척들을 방문할 때 담배를 권하는 것은 중국은 오랜 전통으로, 친근감이나 존경을 표시하기도 한다. 어른들에게 무슨 선물을 할 것인지 고민할 때 담배는 여전히 가장 훌륭한 선택 중 하나이다. 선물을 주고자 하는 대상이 흡연자라면 최고의 선물이 될 수 있다.

• 복숭아

중국에서 복숭아는 귀중한 과일이었고, 귀신을 쫓거나 장수를 기원하는 의미로 쓰여 좋은 선물로 여긴다. 중국인들은 환자를 문병갈 때 선물로 복숭아를 많이 사는데 그 이유는 복숭아 '도桃(táo)'의 발음이 도망할 '도(逃, táo)'와 같아서 '병마가 빨리 도망가라'는 뜻이기 때문이다. 복숭아 자체로도 중국에서 '장수'를 뜻하기 때문에 축수(祝壽) 선물뿐만 아니라 병 문안을 가거나 한 가정에 아이가 태어났을 때 매우 선호하는 선물이다.

• 홍삼

중국인들은 건강에 관심이 많아 선물로 홍삼제품을 선호한다. 특히 한국의 홍삼을 보양식으로 여기며 좋아한다. 홍삼제품 중에서 홍삼환이나 홍삼액기스를 좋아한다.

• 차

중국은 전통적인 차 문화권인 만큼 이는 중국에서 가장 잘 통용되는 선물이다. 한국의 차 중에서는 홍삼차, 유자차 등을 선호한다.

• 사과

사과의 발음인 '핑궈(苹果, píngguǒ)'는 평안, 안녕을 뜻하는 '핑안(平安, Píng' ān)'과 비슷하기 때문에 선호하는 선물이다.

9.6 중국인이 기피하는 선물

• 시계

중국말로 '시계'를 의미하는 글자는 '종말을 고하다' 또는 '죽다'라는 의미인 쫑(終, zhōng)과 발음이 같다. 여기에 '선물하다' 의미인 동사 송(送, sòng)과 합쳐지면 그 발음이 '장례를 치르다'는 의미의 송쫑(送鐘)과 같다. 그래서 중국인들에게 괘종시계 혹은 탁상시계를 선물하는 것은 금기다. 비록 중국식 한자는 다르지만 부정적 의미의 '송쫑(送終)'과 발음이 같기 때문이다. 다시 말해 '송쫑(送終)'이란 '사람이 죽어서 마지막 길을 보낸다'는, 장례식을 치르는 것을 의미하기 때문에 탁상시계 및 괘종시계를 선물한다는 것은 결국 장례식을 치른다는 부정적 의미가 되는 것이다. 그러나 손목시계를 선물하는 것은 무방하다. 손목시계는 '비아오(表)' 혹은 '쇼우비아오(手表)'로 발음되어 '쫑(鐘)'과는 다르기 때문이다.

• 배

중국인은 배를 나눠 먹지 않는다. 배 리(梨, lí)와 떠날 리(離, lí)의 음이 같기 때문이다. 배는 중국어로 '리(梨)'라고 한다. '리(梨)'의 발음은 이별을 의미하는 '리비에(離別)'의 '리(離)'가 자동적으로 연상된다. '배를 자르다'는 '비에(別)' 혹은 '펀(分)'으로 발음되기 때문에 이 두 단어의 의미를 합쳐서 읽어보면 '리비에(離別, 이별)' 또는 '펀리(分離, 분리)'의 발음과 똑같게 된다. 이처럼 '배를 나눠 먹는다'를 뜻하는 '分梨(fenli)'의 음이 '이별하다'의 分離(fenli)와 음이 같기 때문에 배를 나눠 먹는다는 것이 이별한다는 뜻으로 이해되는 것이다. 그래서 중국의 연인들이나 부부에게는 배를 선물하지 않는다.

중국인 집에 초대를 받아 방문하거나 혹은 식당에서 배를 먹을 때는 항상 조심하는 것이 좋다. 특히 중국 친구가 아파서 병원에 입원하여 병문안을 가야 할 때 배를 선물하는 것은 금기에 해당된다.

- 우산

중국에서는 우산 선물을 피하는 것이 좋다. 중국어에서 우산은 '傘(sǎn)'이라고 발음되는 데, '흩어지다', '헤어지다'도 '散(sǎn)'으로 발음되기 때문에 좋지 않은 의미로 전달될 수 있다.

- 자라, 자라 모양

한국에서 장수를 뜻하는 것과 달리 중국에서는 귀신인 鬼와 같은 발음이기 때문에 거북이 선물 또한 기피한다.

- 신발

신발(鞋)은 '사악하다(邪)'와 같은 발음인 'xié'이다. 따라서 신발이나 허리띠를 선물하는 것은 '사악한 기운을 보낸다'는 의미로 받아들일 수 있다.

- 부채

부채는 과거부터 현재까지도 많은 사람들의 사랑을 받고 있지만 부채의 중국어인 '扇子(shànzi)'가 '헤어짐'을 뜻하는 '散(sǎn)'과 발음이 비슷하기 때문에 선물로 주고 받지 않는다.

부채를 선물하는 것은 친구 간의 절교를 의미하기 때문에 친구 사이에서 특히 조심해야 하는 선물이며, 실제로 중국 연인들은 헤어질 때 부채를 많이 선물하기도 한다.

- 칼

중국인들에게 '칼'은 '자른다'는 의미 때문에 조심스런 물건이며, 특히 복숭아 무늬가 칼집에 새겨진 복숭아칼이라면 '복숭아(아리따운 얼굴)'을 자른다'는 의미가 되고 만다.

• 인형

중국인들은 남이 선물한 인형을 집에 두는 것을 꺼린다. 이는 사람 닮은 모양의 물건을 두는 것은 밖으로부터 귀신을 초대하는 것과 비슷하다고 여기기 때문이다.

• 양초

양초는 아무리 예쁘더라도 중국인들에겐 '망자를 위한 물건'에 지나지 않는다. 제사지낼 때 사용하기 때문에 중국 여성들에게 양초를 선물하는 것은 큰 결례다.

• 녹색 모자

중국인들은 '바람난 여자의 남편'을 '녹색모자'라 부르고, 따이뤼마오즈(戴綠帽子) 하면 '녹색모자를 썼다(아내가 바람 났다)'란 말이 된다.

이 말에는 여러가지 해석이 있지만, 당나라 때 옷색깔로 신분을 구별하면서 기생들에게 녹색 옷을 입힌 것이 유래라는 것이 가장 유력하다. 즉, 당시 머리에 녹색 두건을 두른 남자들은 대부분 기생집에서 일하는 일꾼들이었기 때문이다. 모자를 선물할 때라도 녹색은 피하는 것이 좋다.

🌐 중국인에게 녹색 모자 선물은 안 돼요

우리나라의 한 축구단이 중국에서 온 축구팀과 친선경기를 펼쳤다. 경기가 끝나고 화기애애한 분위기 속에서 함께 '회식'을 하였다. 한국의 축구팀 관계자가 우애의 표시로 중국 축구팀에게 팀의 로고를 새긴 멋진 초록색 모자를 선물했다. 지금까지 한국 축구팀의 축구 실력에 찬사를 보내던 중국팀이 초록색 모자를 받는 순간 얼굴이 굳어지며 몹시 불쾌한 표정을 지었다. 이후 문화적 차이를 설명하고 양해를 구하고 나서야 오해를 풀 수 있었다.

중국에서 시계 선물을 왜 하지 않을까?

한국은 사무실 개업식이나 입학, 졸업, 취업 선물로 시계를 주로 하지만 중국인들은 시계를 선물하지 않는다. 시계를 나타내는 단어 종(鐘)의 발음이 끝을 나타내는 마칠 종(終)과 같기 때문이다. 시계를 선물하게 되면 선물 받는 사람의 하는 일이 끝나기를 바란다는 오해를 사기 쉽기 때문이다. 만약 개업식에 시계를 선물한다면 "당신 사업이 망하기를 바란다"는 의미로 이해할 수 있다.

또한 중국어로 '시계'를 의미하는 글자는 '종말을 고하다' 또는 '죽다'라는 의미인 종(終, zhōng)과 발음이 같다. 여기에 '선물하다' 의미인 동사 송(送 · sòng)과 합쳐지면 그 발음 이 '장례를 치르다'는 의미의 종송(終送)과 같다. 그래서 나이 드신 분이나 결혼한 신혼부부에게 특히 시계를 선물하지 않는다. 왜냐하면 "죽음을 선물한다."는 의미와 같기 때문이다. 이처럼 중국인들의 생활 풍속에는 단어들의 비슷한 음을 빌려 뜻을 부여하는 경우가 많으므로 중국인에게 선물을 해야 하는 경우에는 이를 염두에 두어야 한다.

학습평가

1. 문화다양성으로 인한 잠재적 갈등요소를 사전에 대비하고, 글로벌 직원
으로서의 장기적인 경쟁력을 확보하기 위해서는 중국 소비자의 특징 파
악이 중요하다. 중국 소비자 특징에 대한 설명으로 적합하지 않은 것은?
   ① 중국은 경제성장과 소득수준의 향상에 따라 상류층이 늘어나고
   있으며 글로벌 문화와의 동조화로 대도시를 중심으로 선진국형
   소비문화가 확산되고 있다.
   ② 1인 가구와 맞벌이 부부 등 다양한 가족 형태가 등장하고 있다.
   ③ 중국의 신세대들은 성장하면서 서구의 현대적 소비 방식과 사고방
   식에 익숙하며 개성을 우선시하는 사회적 분위기로 변화되고 있다.
   ④ 서구문화의 유입, 인터넷의 발달 등 개성적인 삶을 추구하는 경향
   이 커지고 있다.

2. 중국 소비자들은 세대별로 소비패턴이 서로 차이를 보이는 경향이 크다.
최근 중국에서 가장 주목하는 소비자층에 대한 설명으로 맞지 않는 것은?
   ① 최근 들어서는 1980년대 태어난 '바링허우'와 1990년 이후 태어난
   '쥬링허우(后)' 세대가 중국 경제를 지탱하는 중추로 자리 잡으면서
   그들의 부모 세대와 자녀 세대에까지 미치는 소비 영향도 커지고 있다.
   ② 바링허우는 중국 정부가 1가구 1자녀의 산아제한정책 이후 1980년
   대에 태어난 소황제라 불리는 세대인데 외동아들, 외동딸로 태어
   나 물질적으로 풍요롭고 사랑을 집중적으로 받았다.
   ③ 쥬링허우는 1990년대 출생자 세대를 지칭하며 거대한 소비력을 가
   진 계층이라 할 수 있다.
   ④ 쥬링허우는 바링허우에 이어 21세기(2001~2009년)에 태어난 중국의
   신세대를 가리키는 말로 '밀레니엄 세대'라고도 한다.

3. 중국인이 좋아하는 숫자와 싫어하는 숫자에 대한 설명으로 맞지 않는 것은?

① 중국에서 흰색은 보통 죽음을 나타내고, 상을 당한 경우 상복의 색이며, 부의금을 낼 때는 흰 봉투에 넣어서 전달한다.

② 중국인들이 가장 좋아하는 숫자는 8이다. 8(八, bā, 빠)이 돈을 돈다는 뜻의 发(fā, 파)와 발음이 비슷해 행운의 의미로 여겨지기 때문이다.

③ '오래 변하지 않는다, 장수하다'라는 의미의 숫자 5(五, 우)도 중국인이 좋아하는 숫자이다.

④ 순조롭다는 뜻의 流(liú, 리우)와 발음이 비슷한 6(六, liù)도 중국인이 좋아하는 숫자다.

4. 중국인이 좋아하는 선물에 대한 설명으로 맞지 않는 것은?

① 중상류층 중국인들이 가장 좋아하는 선물은 술이다. 그중에서도 와인과 위스키를 가장 선호한다.

② 남자들 간 서로 친구가 되자는 의미로 담배를 건넨다. 새로운 친구를 사귀거나 친척들을 방문할 때 담배를 권하는 것은 중국은 오랜 전통으로, 친근감이나 존경을 표시하기도 한다.

③ 중국은 전통적인 차 문화권인 만큼 차는 중국에서 가장 잘 통용되는 선물이다. 한국의 차 중에서는 홍삼차, 유자차 등을 선호한다.

④ 자라와 거북이는 한국에서 장수를 뜻하는 것처럼 중국에서도 오래 장수하기를 바라는 마음으로 부모님께 자라와 거북이를 명절에 선물한다.

📝정답 Chapter **09**

01 ①   02 ④   03 ③   04 ④

연구과제

1. 최근 중국의 Z세대의 특징과 소비트렌드에 대해 알아보고 설명하시오.

2. 우리나라와 중국의 선물 문화에 대한 차이점, 공통점을 정리해 보고 기타 다른 나라의 선물 문화에 대해서도 조사하고 발표해 보시오.

DUTY FREE SHOP
SERVICE PRACTICE

III

고객서비스
실습

영어, 중국어, 일본어 서비스 매뉴얼

고객응대 7단계
서비스 매뉴얼

DUTY
FREE

고객응대 서비스는 서비스 전달 과정 자체가 상품으로서의 역할을 지니고 있으며, 고객의 구매와 고객만족에도 큰 영향을 끼친다. 특히 고객과의 접점에서 일어나는 응대 프로세스는 고객만족에 가장 큰 영향을 주게 된다. 고객이 서비스를 이용하는 시작단계인 대기부터 마지막 순간 전송까지 서비스 접점 직원은 모든 역량을 동원하여 고객을 만족시켜 주며, 매출 향상에 도움이 될 수 있는 효과적인 판매 서비스매뉴얼(영어, 중국어, 일어)을 익혀 현장에서 활용할 수 있도록 한다. 본 PART에서는 고객응대 단계별 서비스 매뉴얼을 활용하여 고객만족 및 매출향상에 도움이 될 수 있는 외국인 응대 회화 내용을 구체적으로 학습한다.

학습목표

• 쇼핑접점에 따른 외국어 매뉴얼을 알 수 있다.
• 효과적인 판매 서비스매뉴얼을 익히고 고객응대 시 적용할 수 있다.
• 매출을 올리는 대화법들을 익히고 현장에서 활용할 수 있다.

목 차

고객응대 7단계 서비스 매뉴얼

고객서비스의 본질은 고객 접점에서 직원의 좋은 인상을 심어주는 것이라 할 수 있다. 바른 대기 자세는 고객에게 좋은 인상을 줄 뿐 아니라 판매 성공률을 높이는 첫 응대이다. 항상 밝은 표정으로 호감을 주고 고객의 마음을 열 수 있도록 하는 것이 중요하다.

1.1 대기

01. 대기 자세

친절한 맞이는 환대받고 있다는 느낌을 고객이 받게 되는 중요한 순간이다. 고객은 자신에게 즉각적인 관심과 진심을 담은 인사로 환영 받기를 기대한다. 바른 자세, 밝은 표정으로 고객이 들어오는 방향을 바라보며, 시선은 정면을 향하고 바른 고개 위치에서 턱을 살짝 당긴다.

- 남자는 왼손을 위로 하여 두 손을 가지런히 모아서 포갠다.
- 여자는 오른손을 위로 하여 두 손을 가지런히 모아 서 포갠다.
- 손은 가볍게 아랫배에 대고 발의 각도를 남자는 45 도, 여자는 30도로 하고 똑바로 서서 미소를 지으 며 고객의 동작에 주목한다.

02. 고객 만족의 첫걸음, 환영 인사 대기

환영 인사는 점포의 서비스를 평가할 수 있는 척도이며 가장 기본적인 서비스 요소로 정중하고도 예의바른 인사말을 한다.

1) 고객이 매장으로 들어올 때는 친근하고 따뜻한 환영의 인사말을 건넨다.

안녕하십니까? 어서 오세요./ 반갑습니다.

Good morning/afternoon! Welcome to our shop./ Nice to meet you.

您好! 欢迎光临! / 见到您很高兴!

닌하오! 환잉 꽝린! / 찌엔따오닌헌까오싱!

こんにちは, いらっしゃいませ。 / ようこそ

곤니찌와 이랏샤이마세. / 요-코소

2) 먼저 온 고객과 응대 시, 다른 고객이 들어올 때

안녕하세요? 먼저 오신 분 도와 드린 후 바로 도와드리겠습니다. 잠시만 기다려 주시겠습니까?

Hi, I will be with you soon, right after I work with the other quest inorder.

您好! 我接待完这 位先来的客人后, 马上过来, 请稍等!

닌하오! 워찌에따이완쯔어웨이시엔라이더크어런호우, 마샹꾸어라이, 칭샤오덩!

ようこそ。 先にお越しのお客様の後に、ご用件を伺います。 少々お待ち下さい。

요-코소. 사키니 오코시노 오캬쿠사마노 아토니, 고요-켄오 우카가 이마스. 쇼-쇼-오마치구다사이.

3) 먼저 온 고객과의 응대가 끝난 후 나중에 온 고객에게 응대하게 될 때는 기다려 주심에 감사 인사말을 전한다.

고객님, 기다려주셔서 감사합니다./무엇을 도와드릴까요?

Thank you very much for your waiting./What can I do for you?

非常感谢您的耐心等待/ 有什么可以帮助您的吗?

페이창 깐시에 닌더 나이신 덩따이./요우섬머 크어이빵 쭈닌 더마?

お客様、お待たせいたしました。/ 何かお探しですか。

오캬쿠사마, 오마타세 이타시마시타./나니까 오사가시 데스까.

4) 환송 인사

상품만 둘러보고 가는 고객에게도 즐거운 쇼핑 되십시오, 고객님.이
라고 인사하며, 배웅 인사 후 바로 돌아서지 않도록 한다.

혹시 더 궁금한 것 있으세요? 감사합니다.

Anything else do you want to know? Thank you.

还有什么疑问吗? 谢谢!

하이요우섬머 이원마? 씨에씨에!

何か、他にご不明な点はございますか。ありがとうございました。

나니까, 호카니 고후메나 텐와 고자이마스까? 아리가토-고자이마시타.

1.2 고객 맞이(Approach)

고객에게 어프로치(Approach)하기 위한 순간에는 밝은 표정과 함께 가벼운 목례를 한다. 목소리 톤은 최대한 친절하게 하며, 고객에게 다가가야 할 찬스를 놓치지 않도록 한다. 고객에게 어프로치 하기 위한 자연스러운 순간은 고객과 시선이 마주치거나 두리번거릴 때, 고객이 일정한 상품이나 가격에 시선이 쏠릴 때, 일정한 상품을 만지거나 손에 들고 있을 때 등이다. 이때는 스몰 토크(small talk)를 하여 대화 분위기를 자연스럽게 만든다.

01. 고객이 상품 쪽으로 다가올 때, 밝게 목례하며 자연스럽게 다가가도록 한다.

> 안녕하세요, 고객님! 특별히 찾으시는 상품이 있으십니까?
> Hi! Are you looking for anything in particular?
> 您好! 您想买什么?
> 닌 하오! 닌 샹 마이 션머?
> いらっしゃいませ! 何かお探しですか。
> 이랏샤이마세! 나니까 오사가시 데스까?

- Do's
  - 접근 타이밍은 고객을 발견한 즉시보다는 조금 늦춰 시도하는 것이 부담을 줄일 수 있다.
  - 고객에게 다가갈 때는 정면보다는 측면 40도 정도가 적당하다.
  - 밝게 목례하며 자연스럽게 다가가도록 한다.
  - 인사는 목례(15도)로 자연스럽게 한다.

- Don'ts
  - 인사없이 무표정하게 다가가는 행동
  - 급하게 가다가는 행동
  - 구매를 재촉하는 듯한 행동
  - 시선은 다른 곳을 향한 채 말로만 인사하는 행동

02. 통화 중 고객을 맞이할 때 어프로치

1) 통화 완료 후

고객님, 기다려 주셔서 감사합니다.

Thank you for your waiting.

谢谢您的耐心等待！

씨에씨에닌더나이신덩따이!

お待ちいただきありがとうございます。

오마치이타다키 아리가토-고자이마스.

2) 통화 중 고객이 오는 경우

안녕하세요? 바로 도와드리겠습니다.

잠시만 기다려 주시겠습니까?

Hi, I will be with you soon, Please wait a minute.

您好！我接待完这位先来的客人后，马上过来，请稍等！

닌하오! 워 찌에따이 완 쯔어웨이 시엔 라이더 크어런 호우, 마샹 꾸어라이, 칭 샤오덩!

こんにちは。先にお越しのお客様の後に、ご用件を伺います。

少々お待ち下さい。

곤니찌와. 사키니 오코시노 오카쿠사마노 아토니, 고요-켄오 우카가이마스.

쇼-쇼-오마치구다사이.

03. 고객이 특정 상품 앞에서 관심을 보일 때, 접근 타이밍은 고객을 발견한 즉시보다는 조금 늦춰 시도하는 것이 부담을 줄일 수 있다.

① 고객님, 어떤 상품을 찾으십니까?

Excuse me, What product (item) are looking for?

请问, 您想看看什么商品?

칭원, 닌 시앙 칸칸 셤머 샹핀?

何かお探しのものはございますか。

나니까 오사가시노 모노와 고자이마스까?

② 어떤 색상을 찾으십니까?

What color are you looking for?

您要什么颜色的?

닌 야오 셤머 옌쓰어더?

何色をお探しですか。

나니 이로오 오사가시데스까?

③ 5개 구매하시면, 사은품으로 1개를 더 드립니다.

If you purchase five, you will get one more.

今天有优惠活动, 买五送一。

진티엔 요우 여우후에이 후어똥, 마이우 쑹이.

5点お買い上げの場合、感謝品として、もう一つ差し上げております。

고텐 오카이아게노 바-이, 간샤힌 토시테, 모-히토츠 사시아게테 오리마스.

④ 지금 50% 할인행사를 하고 있습니다.

We are now on a sales event with 50% discount.

今天有优惠活动, 可以打五折。

진티엔 요우 여우후에이 후어똥, 크어이 따우즈어.

50%割引きイベントを行っております。

고줏 파-센토 와리비키 이벤토오 잇테 오리마스.

04. 고객이 다른 매장 위치를 문의할 때

고객과 동행하며 안내가 가능한 경우에 고객과 함께 보행할 때는 항상 고객이 우선하도록 하며, 방향을 안내하는 경우 손바닥 전체를 이용해서 고객과 안내 방향을 차례로 본다. 고객을 직접 안내할 경우 고객의 1, 2보 옆쪽 앞을 걷고, 3, 4보 걸은 후 고객을 바라보는 배려가 필요하다. 엘리베이터 안내자가 있는 경우는 탈 때나 내릴 때 고객이 우선이며 엘리베이터 안내자가 없을 때는 먼저 타서 버튼을 조작하고, 나중에 내린다.

제가 그곳으로 안내해드리겠습니다.

1층에는 시계, 화장품, 2층에는 토산품 매장이 있습니다.

편안하게 둘러보십시오.

I'm going to guide you.

There are watch, cosmetics on the 1st floor and souvenir shops on the 2nd. Please feel free looking around them.

我帮您介绍一下。

워빵닌 지에샤오 이시아.

手表化妆品卖场在一楼, 韩国土特产品卖场在二楼,

써우삐아오 화주앙핀 마이창 짜이이로우, 한구어 투트어찬핀 마이창 짜이알로우,

祝您购物愉快!

쮸닌 꺼오우 위쿠아이!

私がご案内いたします。

와타쿠시가 고안나이 이타시마스.

1階は時計化粧品売り場、2階はお土産売り場となっております。

잇카이와 토케이 케쇼-힌우리바, 니카이와 오미야게 우리바토 낫테
오리마스.

ごゆっくりご覧ください。

고육쿠리 고란구다사이.

05. 위치를 문의 시, 고객과 동행하며 안내할 수 없을 때

고객님, 1층에는 향수, 2층에는 기념품 매장이 있습니다.

2층으로 가는 에스컬레이트가 우측에 있습니다.

There are perfume on the 1st floor and souvenir shops on the 2nd.

Please take the escalator going up to the 2nd floor.

香水卖场在一楼，韩国土特产品卖场在二楼。

샹쉐이 마이창 짜이이로우, 한구어 투트어찬핀 마이창 짜이알로우,

您可以乘右側的扶梯上二楼。

닌 크어이 청 요우츠어더 푸티 샹알로우.

お客様、1階は香水売り場、2階はお土産売り場となっております。

오캬쿠사마, 잇카이와 코스이 우리바, 니카이와 오미야게 우리바토
낫테오리마스.

2階に行くエスカレーターが 右にございます。

니카이니 이쿠 에스카레-타-가 미기니 고자이마스.

1.3 상품 제시

고객은 각기 다른 특성과 취향을 지니고 있으므로 고객의 상황에 따라 상품과 서비스를 다르게 할 필요가 있다. 고객의 잠재 니즈와 현재 니즈를 파악하여 잠재 니즈를 현재 니즈로 발전시키는 질문을 할 수 있도록 한다. 판매 성공율을 높이기 위한 상품 제시는 밝은 표정으로 고객맞이 인사 후 천천히 고객의 반응에 맞춰 응대하고, 고객의 구매 욕구를 높이기 위하여 프로모션 행사내용을 안내하며, 고객이 찾는 상품이 없는 경우에는 대체상품을 권하도록 한다.

01. 고객이 관심 있는 상품을 자세히 볼 때 상품 제시

고객에게 다가갈 때는 정면보다는 측면 40도 정도가 적당하며, 인사는 목례(15도)로 자연스럽게 한다.

① 이 인삼 제품은 맛이 풍부하고 가격도 비싸지 않습니다.

This ginseng products tastes good, The price is not expensive.

这人参产品味道很浓 价格不贵。

쩌러언썬 찬핀 웨이띠오 헌눙 찌아거 부쿠이.

この人参製品は、味が豊富で、値段も高くありません。

고노 닌징세힝와, 아지가 후푸데, 네단모 타카쿠 아리마셍.

② 인삼 캔디 시식 한번 해보시겠어요?

Would you like to try this ginseng candy?

请尝一下人参糖。

칭 창이시아 런션탕.

高麗人参の飴を試食なさいますか。

고-라이닌진노 아메오 시쇼쿠나사이마스까?

③ 홍삼은 6년근 인삼으로 만들었습니다.

Red-ginseng is made of six-year ginseng.

红参是选用生长了6年的人参制成的。

홍션 쓰 쉬엔융 성장러 류니엔더 런션 찍청더.

紅参は6年根の高麗人参で作られたものです。

레드진셍와 로쿠넨 콘노 고—라이닌진데 츠쿠라레다 모노데스.

02. 고객이 특정 상품을 만질 때 상품 제시

① 안녕하세요! 고객님이 직접 사용하실 상품을 찾으시나요?
이 상품 테스트 해보시겠어요?

Hi, Are you looking for a product for yourself?

Would you like to try on this Item?

您好! 您自己用, 是吧? 您要试一下吗?

닌하오! 닌 쯔지용, 쓰바? 닌 야오 쉬이시아마?

こんにちは,お客様がお使いになられるものをお探しですか。

오캬쿠사마가 오츠카이니 나라레루 모노오 오사가시데스까?

こちらの商品をテストしてみますか。

고치라노 쇼-힌오 테스토시테 미마스카?

② 고객님, 무엇을 도와드릴까요? 선물용으로 찾으시나요?
바로 보여드리겠습니다.

What can I help for you?Are you looking for a gift?

I'll show you right now.

有什么需要帮助的吗? 您要选礼物吗?

我拿给您看一下。

여우 셤머 쉬야오 빵쥬더마? 닌야오 쉬엔리우마?

워 나게이닌 칸이시아.

お客様、何をお探しですか。お土産用をお探しですか。

오캬쿠사마, 나니오 오사가시데스카. 오미야게오 오사가시데스까.

今すぐ、お見せいたします。

이마 스구, 오미세 이타시마스.

03. 고객의 니즈를 파악할 때 상품 제시

① 고객님, 어떤 백을 찾으시나요?,

찾으시는 스타일이 있으신가요?

What kind of bag are you looking for?

Any particular type bag are you looking for?

您想买什么样的包儿?

닌 시앙 마이 셤머양더 빠오?

您想看看哪个款式的?

닌 시앙 칸칸 나거 콴쉬더?

お客様、どのようなバックをお探しですか。

오캬쿠사마, 도노요-나 박쿠오 오사가시데스까?

お探しのデザインはございますか。

오사가시노 데자인와 고자이마스까?

② 색상과 종류는 다양하게 준비되어 있습니다.

We have various color and types of bags.

我们有颜色和类型很多种款式。

워먼 여우 옌써허레이씽 헌뚜어쫑 콴쉬.

種類は色々とございます。

슈루이와 이로 이로토 고자이마스.

- Do's
  - 할인이나 프로모션 내용 등을 추가 설명하여 관심을 유도한다.
- Don'ts
  - 의류, 스카프, 악세사리, 가방 등 시착을 권하지 않는 무성의해 보이는 행동

③ 고객님, 본인이 사용하시나요? 선물용을 찾으시나요?

Will you use it yourself? Are you looking for a gift?

您自己用, 还是送人?

닌 쯔지융, 하이 쓰쑹런?

お客様がお使いになるんですか。それとも、お土産用ですか。

오캬쿠사마가 오츠카이니 나룬데스까? 소레토모 오미야게요-데스까?

④ 건성, 중성, 지성 피부 중 어떤 타입이신가요?

What type of skin do you have? Do you have dry, oily or normal skin?

干性, 中性, 油性皮肤中, 您属于哪种皮肤类型?

깐싱, 쭝싱, 여우싱피푸쭝, 닌슈위 나쭝 피푸레이싱?

お肌のタイプは、乾燥肌ですか、普通肌ですか、脂性肌(オイリー肌)ですか。

오하다노 타이프와, 간-소하다네스까, 후츠-하다데스까, 시세-하다(오이리-하다)데스까?

⑤ 이 색상이 어떠십니까? 다른 색상도 보여드릴까요?

How about this color? Shall I show the others?

这个颜色怎么样? 要再看看别的颜色吗?

찍어거옌쓰어 점머양? 야오 짜이칸칸 삐에더 옌쓰어마?

こちらの色はいかがでしょうか。他の色もお見せしましょうか。

고치라노 이로와 이카가데쇼-까? 호카노 이로모 오미세시마쇼-까?

04. 고객이 특별히 찾는 상품이 없을 때 상품 제시

① 이 상품은 30% 할인행사를 하고 있습니다.

3개를 사시면 추가 1개를 사은품으로 더 드리고 있습니다.

This is on sale with 30% discount.

If you purchase three, you'll get one more for a free gift.

这款商品现在打七折。而且买三送一。

쯔어콴샹핀 시엔짜이 따치즈어. 얼치에 마이싼 쑹이.

こちらの商品は30％割引となっております。

고치라노 쇼-힌와 산줏 파-센토 와리비키토 낫테오리마스.

三つお買い上げの場合、感謝品として、もう一つ差し上げております。

밋츠오카이아게노 바이, 간샤힌 토시테, 모-히토츠 사시아게테 오리마스.

② 고객님들이 많이 찾는 상품으로 추천해 드릴까요?

이 상품이 선물용으로 가장 인기 있습니다.

May I recommend a good (product/item) which is popular among many customers? This is the most popular one for a gift.

我帮您推荐一款卖得最好的吧。

워빵닌 투이지엔 이콴 마이더 쭈에이하오더바.

送礼物的话，这款商品是最有人气的。

쑹리우 더화, 쯔어콴샹핀 쓰 쭈에이여우런치더.

人気の商品をおすすめしましょうか。

닌키노 쇼-힌오 오스스메시마쇼오카.

こちらがお土産用として一番人気です。

고치라가 오미야게 토시테 이치반 닌키데스.

1.4 상품 설명

효과 있는 상품 설명을 위해 풍부한 표현력이 필요하며, 고객이 찾는 상품이 없을 경우 다른 대체 상품을 추천하도록 한다. 고객이 관심을 가진 상품은 다른 상품과 비교하며 장점을 자세하게 설명하고 어려운 전문용어(화장품 전문용어 등)는 쉽게 설명한다. 판매 성공률을 높이기 위해 상품설명을 할 때는 실감나게 시연한다.

01. 핸드백 & 지갑 상품 설명

① 이 가방은 올해 신상품입니다.

This bag is new product this year.

这个包是今年的新产品。

쯔어그빠오쓰 진니엔더 신샹핀.

このバッグは、今年新商品です。

고노 박쿠와 고토시 신쇼힌데스.

② 이 핸드백의 소재는 소가죽/ 악어가죽/ 타조가죽입니다.

This handbag is made of cowhide/ alligator/ ostrich skin.

这款手提包是牛皮的/鳄鱼皮的/鸵鸟皮的。

쯔어콴 셔우티빠오 쓰 뉴우피더/으어위피더/투워니아오피더.

こちらのバックは牛革/ワニ革 /ダチョウ革です。

고치라노 박쿠와 규(우시)카와/와니/다초카와데스.

③ 이 상품은 S사이즈이고, 이것은 M사이즈입니다.

This is a small-size. This is a medium size.

这款商品是S号的，这款商品是M号的。

쯔어콴 샹핀 쓰 S하오더, 쯔어콴 샹핀 쉬 M하오더.

こちらの商品はSサイズで、こちらはMサイズです。

고치라노 쇼-힌와 S 사이즈데, 고치라와 M 사이즈데스.

④ 구매하신 핸드백과 아주 잘 어울리는 지갑이 세트로 있습니다.
같이 보여드릴까요?

We have a set of wallets that go well with your bag. Do you want
to see it together?

您购买的这款手提包还有一个同款的钱包，

닌 꼬우마이더 쯔어콴 쇼우티빠오 하이여우 이거 통콴더 치엔빠오,

我拿给您看一下吧。

워 나게이닌 칸이시아바.

お買い上げになったハンドバッグととてもよく似合う財布がセッ
トでございます。お見せしましょうか。

오카이아게니 낫타 한도밧구토 토테모 요쿠 니아우 사이후가 셋토데 고
자이마스. 오미세시마쇼-까?

02. 기초 화장품 상품 설명

① 이 상품은 피부 미백 기능의 화장품입니다. 젊은 여성들에게 인기
가 많습니다.

This product is a kind of functional cosmetic effective for whitening your
skin. It is popular with young women.

这是一款具有美白功能的化妆品。该产品在年轻女性中很受欢迎。

쯔어쉬 이콴 쥐요우 메이빠이꿍넝더 화쭈앙핀. 가이차안피잉자이
니앤칭 뉘이시잉주웅 허언 스어우 화안이잉.

こちらの商品は美白効果のある化粧品です。若い女性に人気があります。

고치라노 쇼-힌와 비하쿠코-카노 아루 게쇼-힌데스. 와카이조세이니 닝기가 아리마스.

② 이 에센스는 수분 보습이 잘되는 제품입니다.

This essence-cream is a product effective for moisturizing your skin.

这款精华素的补水保湿效果特别好。

쯔어콴 찡화수더 부슈에이 빠오쉬 시아오꾸어 트어삐에에하오.

こちらのエッセンスはモイスチャー効果のある製品です。

고치라노 엣센스와 모이스챠코-카노 아루 세-힌데스.

③ 이 에센스는 여성뿐만 아니라 남성 피부에도 좋습니다.

This essence-cream is good not only for ladies' skin but also for the gentlemen's.

这款精华素不仅适合女性，而且也适合男性使用。

쯔어콴 찡화수 뿌찐 쉬흐어 뉘싱, 얼치에예 쉬흐어 난씽 쉬용.

お客様、こちらのエッセンスは女性だけでなく、男性のお肌にも効果的です。

오캬쿠사마, 고치라노 엣센스와 죠세-다케데나쿠. 단세-노 오하다니모 고-카테키데스.

03. 색조 화장품 상품 설명

① 고객님, 이 색상은 어떠십니까?

What about this color?

您觉得这个颜色怎么样?

닌 쮀에더 쯔어그어옌쓰어 점머양?

お客様、こちらの色はいかがでしょうか。

오캬쿠사마, 고치라노 이로와 이카가데쇼-까?

② 이 크림이 요즘 가장 인기있는 상품입니다.

This cream is the most popular product, recently.

这款霜是最近最有人气的商品。

쯔어콴 슈앙 쉬 쭈이찐 쭈에이 요우 런치더 샹핀.

こちらのクリームが一番人気の商品です。

고치라노 크리-무가 이치반 닌키노 쇼-힌데스.

③ 이 브랜드는 핑크색 립스틱이 올해 유행입니다.

The pink-lipstick of this brand is very popular in fashion this year.

这个品牌的粉红色唇膏今年特别流行。

쯔어그어 퓌파이더 펀홍쓰어춘까오 찐니엔 트어삐에 류싱.

こちらのブランドのピンクの口紅が今年の流行です。

고치라노 브란도노 핑크노 구치베니가 고토시노 하야리데스.

04. 향수 상품 설명

① 이 향수는 향이 산뜻해서 직장 여성에게 가장 적합합니다.

The fragrance is so fresh. It is best suited for working women.

香气真新鲜最适合职业女性。

시앙치 저언 시인시앤주이스으허어 즈이예 뉘이시잉.

香水の香りがさわやかで職場の女性に最も適しています。

고스이노 가와리가 사와야카데 쇼쿠바노 조세이니 못토모 데키시데이마스.

② 이 제품은 장미꽃 향기가 나는 향수입니다.

This is a perfume with Rose flower-fragrance.

这款香水是玫瑰花香型的。

쯔어콴 시앙슈에이 쉬 메이꺼화시앙싱더.

こちらは、バラの花の香りがする香水です。

고치라와, 바라노하나노 카오리가 스루 고-스이데스.

③ 특히 젊은 여성분들이 선호하는 향수입니다.

It is the perfume preferential among young ladies.

这款香水特别受年轻女性的喜爱。

쯔어콴 시앙슈에이 트어삐에 쇼우닝칭뉘싱더 시아이.

特に若い女性の方に人気がある香水です。

도쿠니 와카이 죠세-노 카타니 닌키가 아루 고-스이데스.

④ (이 향수)시향 한번 해보시겠습니까?

Are you trying it once?

您要试一下吗?

닌 야오 쉬이시아마?

(この香水)一度、お試してみますか。

이치도, 오타메시테미마스까?

05. 홍삼 · 인삼 & 식품 상품 설명

① 홍삼정은 매일 한 스푼씩 복용하시면 됩니다.

You take one spoon of the red-ginseng extract everyday.

红参精每天服用一小匙就可以了。

홍션찡 메이티엔 푸용 이시아오샤오 찌오크어이러.

紅参精は、毎日一回にスプーン1杯ずつお召し上がり下さい。

고-진세이와, 마이니치 잇카이니 스푼 잇빠이 즈츠 오메시아가리
구다사이.

② 홍삼차는 피로 회복에 도움이 됩니다.

Red ginseng tea helps you recover from tiredness.

红参茶有助于缓解疲劳。

홍션차 여우쭈위 환지에 피라오.

紅参茶は疲労回復に効果があります。

고-진차와 히로-카이후쿠니 고-카가 아리마스.

③ 홍삼 엑기스는 피부 미용에도 좋습니다.

Red-ginseng is good also for your skin.

红参浓缩液对皮肤美容效果很好。

홍션 농쑤어이에 뚜에이 피푸메이롱 시아오구어 헌하오.

紅参エキスは美容効果にも優れています。

고-진에키스와 비요-코-카니모 스구레테이마스.

- Do's
  - 고객이 찾는 제품이 없을 경우 다른 대체 제품을 추천한다.
- Don'ts
  - 시식용이 있는 제품을 권하지 않는 무심한 듯한 행동

06. 의류 & 스카프 상품 설명

① 연한 브라운 색상이 자연스러워 보입니다.

The light brown color looks very natural on you.

浅棕色看起来特别自然。

치엔쫑쓰어 칸치라이 트어비에 쯔란.

ライトブラウンがナチュラルに見えます。

라이토 브라운가 나추라루니 미에마스.

② 이 스카프는 100% 실크입니다.

This scarf/neat is made of 100% silk.

这条丝巾是百分之百丝绸的。

쯔어티아오 쓰진 쓰 바이펀쯔바이 쓰쵸우더.

こちらのスカーフはシルク100％です。

고치라노 스카-후와 시루쿠 햐쿠 파-센토데스.

③ 죄송하지만, 흰색이 없는데, 회색을 보여드릴까요?

We're sorry not to have the white one. Would you like to see the gray one?

对不起，没有白色，灰色的可以吗？

뚜이뿌치, 메이요 바이쓰어, 후에이쓰어더 크어이마?

申し訳ございませんが、ただ今白はございません。

모-시와케 고자이마센가, 다다이마 시로와 고자이마센.

グレーをお見せしましょうか。

구레-오 오미세시마쇼-까?

07. 사이즈 및 색상 문의 상품 설명

네. 확인해 보겠습니다.

Yes, I will check on it.

帮您确认一下。

빵니 취에런 이시아.

はい、すぐに確認いたします。

하이, 스구니 가쿠닌이타시마스.

※ 사이즈 관련 키워드

한국어	영어	일본어	중국어
구두	Shoes	靴 /쿠쯔	皮靴 /피시에
운동화	sneakers	運動靴 /운도우구쯔	运动鞋 /윈똥시에
슬리퍼	slippers	スリッパ /스립빠	拖鞋 /투어시에
샌들	Sandals	サンダル /산다루	凉鞋 /량시에
부츠	Boots	ブーツ /부 -쯔	長筒靴 /창통쉬에

※ 색상 관련 키워드

한국어	검정색	흰색	빨간색	분홍색	노란색	파란색
영어	Black	White	Red	Pink	Yellow	blue
일본어	黒 / ブラック 구로	白 / ホワイト 시로	赤 / レッド 아카	ピンク 핀쿠	黄色 / イエロー 기 -이로	青 / ブルー 아오
중국어	黑色 헤이쓰어	白色 바이쓰어	红色 홍쓰어	粉红色 펀홍쓰어	黄色 황쓰어	蓝色 란쓰어

08. 고객이 구매할지 망설일 때 상품 설명

① 고객님께 아주 잘 어울립니다. 착용하니 무척 젊어보이십니다.

That looks good on you. You look very young when you wear it.

太适合您了! 看起来很年轻。

타이 쉬흐어닌 러! 칸치라이헌 니엔칭.

お客様によくお似合いです。着用したらすごく若く見えます。

오캬쿠사마니 요쿠 오니아이데스. 차쿠요시다라 스고쿠 와가쿠 미에마스.

② 100불 이상 구매하시면 사은품을 드립니다.

We provide you with a free-gift when purchasing more than US$ 100.

购物满100美金时，有礼品赠送。

꼬우우 만 이빠이메이찐 쉬, 요우 리핀 쩡쏭.

100ドル以上、お買い上げの場合は、感謝品を差し上げております。

햐쿠 도루이죠, 오카이아게노 바이와, 간샤힌오 사시아게테 오리마스.

③ 이 상품은 가격 할인이 안 됩니다. (할인을 요구할 때)

This product cannot be discounted.

该产品不能打折。

까이창핑 뿌넝 따즈어.

の商品は料金の割引はございません。

고노 쇼힝와 료-킹노 와리비키와 고자이마셍.

09. 고객을 원하는 장소로 안내할 때 상품 설명

안내해드리겠습니다. 이쪽이 ○○입니다.

Please follow me this way. This is a ○○.

给您介绍一下，这边是○○。

게이닌 찌에샤오 이시아, 저삐엔 쓰 ○○.

ご案内いたします。こちらが○○でございます。

고안나이 이타시마스. 고치라가 ○○데 고자이마스.

※ 안내 관련 키워드

한국어	이쪽입니다	저쪽입니다	따라오세요
영어	This way, please	That way, please	Follow me
일본어	こちらです 코치라데스	あちらです 아치라데스	こちらへどうぞ 코치라에 도우조
중국어	在这边 짜이쩌비엔	在那边 짜이나비엔	请跟我来 칭건워라이

한국어	오른쪽	왼쪽	중앙
영어	On the right	On the left	In the middle
일본어	右 미기	左 히다리	中央 추 -오 -
중국어	右边 요우뻬엔	左边 주어뻬엔	中间 쭁지엔
한국어	올라가십시오	내려가십시오	이곳입니다
영어	Go up, please	Go down, please	This way, please
일본어	お上がり下さい 오아가리 쿠다사이	お下がり下さい 오사가리 쿠다사이	こちらです 고치라데스
중국어	请上去 칭샹취	请下去 칭시아취	在这里 짜이쩌리

10. 상품 제시 & 상품 설명 Check List 상품 설명

〈표 1-1〉 상품 제시 & 상품 설명 Check List

구분	점검 항목	○	×
상품 제시	1. 상품제시와 안내 시 손동작이 정중한가?		
	2. 상품을 소중하게 다루는가?		
	3. 고객 니즈를 파악하는 적절한 질문을 하는가?		
	4. 고객이 찾는 상품이 없을 경우 대체 상품을 추천하는가?		
상품 설명	5. 고객의 의견에 맞장구 또는 동의를 자주 표현하는가?		
	6. 고객의 기호 또는 구매 스타일을 파악하는가?		
	7. 상품의 장점, 상품의 효용을 충분히 알고 권하는가?		
	8. 상품설명을 할 때 실감나게 시연하는가?		
	9. 고객의 구매동기를 경청하여 상품설명에 반영하는가?		
	10. 상품에 대한 고객의 반대의견을 끝까지 잘 들어주는가?		
	11. 구매결정을 재촉하지 않고 고객의 결정을 효과적으로 돕는가?		
	12. 고객이 원하는 상품이 없을 때 대안을 제시하는가?		
	13. 상품의 가격만을 강조하느라 상품의 격을 떨어뜨리는 일은 없는가?		
	14. 상품설명이 성의가 있다고 스스로 평가하는가?		
	15. 타제품을 비방하는 표현을 자제하는가?		

1.5 구매 결정 & 결제

고객이 상품이 마음에 들어 구매를 결정하게 되면 제품의 좀 더 많은 세부사항을 부각시키며 고객에게 돌아갈 이익에 대해 상기시킨다. 결제 단계에서 고객의 신뢰감을 높이려면 출국 일자, 항공편을 재확인하고 비행시간을 정확히 확인한다. 고객에게 가격과 구매한 상품, 수량이 맞는지 확인하고, 구매 시 혜택(포인트, 할인카드, 무이자 혜택 등)을 다시 한번 확인한다. 마지막으로 결제 방법, 지불 수단 등 결제와 관련한 사항을 재점검한다.

01. 고객이 구매를 결정한 경우

① 고객님, 상품을 보는 안목이 탁월하십니다.

이것은 지희 매장에서 가상 판매가 잘되는 패딩입니다.

You must have discerning eyes to look at goods.

This is the best selling padding in our store.

您真有眼光。这是我们卖场最畅销的羽绒服。

닌 쩐 요우 옌꽝. 쩌스으워먼 마이챵 쮀이 창시아오더 위루웅푸.

とてもお目が高いですね。これは私達の店で最もよく売れているパディングです。

도테모 오메가 타카이데스네. 코레와 와타시타치노 미세데 못토모 요쿠 우레테이루 파딘구데스.

② 구매하신 상품은 품질이 좋아 안심하고 사용하실 수 있습니다.

You can use such a quality product you've just bought, with carefree.

这款商品的质量特别好,

쯔어쾐 샹핀더 쯔량 트어삐에 하오,

您完全可以放心使用。

닌 완취엔 크어이 팡신 쉬용.

お買い上げの商品は品質がよいため、

오카이아게노 쇼-힌와 힌시츠가 요이다메,

安心してお使いいただけます。

안신시테 오츠카이이타다케마스.

- Do's
  - 고객의 구매 결정에 칭찬을 하여 구매에 대한 확신을 준다.
- Don'ts
  - 고객에게 결정을 재촉하는 행동
  - 망설이는 고객에게 조급하게 다른 제안을 하는 행동

02. 구매 결정 후 결제할 때

① 고객님, 계산(지불)은 이쪽에서 하시면 됩니다.

Let me help you pay over here.

请您到这边结账。

칭 닌 따오 쯔어삐엔 지에짱.

お客様、お支払いは(お会計は)こちらでどうぞ。

오캬쿠사마, 오시하라이와(오카이케-와) 고치라데 도-죠.

② 계산(지불)은 신용카드와 현금 중 어느 것으로 하시겠습니까?

Would you like to pay for it by cash or credit card?

您付现金，还是刷卡?

닌 푸 시엔찐, 하이쉬 슈아카?

お支払いは現金でなさいますか、カードでなさいますか。

오시하라이와 겡킨데 나사이마스까? 가-도데 나사이마스까?

③ 여권과 탑승권을 보여주시겠습니까?

Could you kindly show your passport and air-ticket, please?

请出示一下您的护照和登机牌。

칭 츄쉬 이시아 닌더 후짜오 흐어 떵찌파이.

パスポートと搭乗券(飛行機のチケット)をお願いいたします。

파스포-토토 도-조-켕(히코오키노 치켓토)오 오네가이 이타시마스.

03. 결제 금액을 확인할 때

① 영양크림 3개, 립스틱 1개, 총 4개 구입하셔서 20만 원입니다

The total is 200,000 Won for three nourishing creams and one lipstick.

滋养霜三个唇膏一个一共20万韩元。

쯔양슈앙 샨끄어 춘까오이거 이꽁 얼쉬완 한위엔.

栄養クリーム3点、口紅1点、合計4点のお買い上げで20万ウォンになります。

에이요쿠리므 산텐, 구찌베니 잇텐, 고-케- 욘텐노 오카이아게데
니주-만원니 나리마스.

② 현금 10만 원 받았습니다.

I've received 100,000 Won.

收您10万韩元。

쇼우닌 시완 한위엔.

10万ウォンお預かりいたします。

쥬만원 오아즈카리 이타스마스.

③ 카드 서명해주시겠습니까?

영수증(교환권)에도 서명 부탁드립니다.

Please sign your card here and also on the receipt (exchange ticket).

请您在这里签字。请您在收据上签字。

칭 닌 짜이쯔어리 치엔쯔. 칭 닌 짜이쇼우쥐샹 치엔쯔.

カードサインをお願いいたします。

가-도 사인오 오네가이 이타시마스.

レシートにもサインをお願いいたします。

레시-토니모 사인오 오네가이 이타시마스.

04. 카드, 영수증, 여권을 돌려드릴 때

① 구매하신 상품에 문제가 있거나 궁금한 점이 있으시면 언제든지 연락주시기 바랍니다.

If you have any problems with the product or have any questions, please contact me.

如果您购买的商品有什么问题，或者您有什么疑问，

루꾸어 닌 꼬우마이더 샹핀 요우 셤머원티, 후어쯔어 닌 요우 셤머이원,

请随时跟我们联系。

칭 수에이쉬 껀워먼 리엔쉬.

お買い上げの商品に何か問題があったり、

오카이아게노 쇼-힌니 나니카 몬다이가 앗타리,

ご質問がございましたら、いつでもご連絡下さい。

고시츠몽가 고자이마시타라, 이츠데모 고렌라쿠 구다사이.

② 여권과 카드, 영수증 여기 있습니다.

Here are your passport, card and receipt.

这是您的护照信用卡收据。

쯔어쉬 닌디 후쨔오 카 쇼우쥐.

パスポートとカードとレシートでございます。

파스포-토토 가-도토 레시-토데 고자이마스.

- Do's
  - 가격, 구매 수량 등 교환권 내역을 고객과 함께 확인한다.
  - 제품의 사용방법, 보관방법을 다시 한번 설명한다.
  - 카드, 영수증, 여권은 두 손으로 공손하게 주고 받는다.
- Don'ts
  - 구매 내역을 고객과 다시 한번 확인하지 않는 행동

1.6 포장

시내면세점에서 구매한 물품은 출국 당일 공항의 면세품 인도장에서 받게 된다. 공항면세점에서 구매한 물품은 그 자리에서 바로 들고 갈 수 있지만 시내 오프라인/온라인 면세점에서 구매한 제품은 출국 당일 여권, 탑승권, 교환권 제시와 본인 확인 서명 후 구매한 물품을 공항의 면세품 인도장에서 받는다. 다만, 예외적으로 시내면세점에서 외국인이 국산품을 구매한 경우에는 여권 및 탑승권을 확인하고 현장에서 물품 수령이 가능하다. 외국인의 국산품 구매 제한 및 수량 등은 상황에 따라 달라질 수 있다.(외국인이란 대한민국의 국적을 갖고 있지 않은 사람, 대한민국 국민으로서 외국의 영주권을 취득한 사람 및 영주할 목적으로 외국에 거주하고 있는 사람으로서 거주여권-Passport Residence, PR-을 소지한 사람을 말한다.)

01. 구매 상품 포장

① 목적지에 도착하기 전에 포장을 풀지 마시기 바랍니다.

Please don't unpack before arriving at your destination.

请不要在到达目的地之前打开包装。

칭 뿌요 짜이 다오다 무디 띠 즈치엔 다카이 바오쭈앙.

目的地に到着する前に、梱包材から取り出さないでください。

목구데끼치니 도차구스루마에니, 콘포오자이카라 토리다사나이
데쿠다사이.

② 선물용으로 포장해드릴까요?

Would you like this gift wrapped?

需要帮您 弄礼品用包装吗?

쉬야오 빵닌 눙 리핀용빠오좌앙마?

プレゼント用に包装いたしましょうか。

푸레젠토요오니 호-소-이타시마쇼-까?

③ 함께 포장해 드릴까요, 따로따로 포장해드릴까요?

Shall I pack them together, or separately?

帮您包在一起, 还是分别包起来?

빵닌 빠오 짜이이치, 하이쉬 펀비에 빠오 치라이?

一緒に包装いたしましょうか。別々にいたしましょうか。

잇쇼니 호-소-이타시마쇼-까? 베츠베츠니 이타시마쇼-까?

• Do's
  - 포장 상품의 수량 및 내용물을 고객과 재확인한다.
• Don'ts
  - 포장 상품 수량 등을 고객과 재확인하지 않는 행동

02. 판매 후 기내 반입 물품 유의사항 안내

1. 비행기 탑승 시 개인 물품에 대한 기내 반입조건

① 1리터 규격의 투명 지퍼백 안에 용기를 보관해야 반입 가능하다.

  (내용물 용량 한도 : 용기 1개당 100ml 이하, 총 1리터 이내)

② 투명 지퍼백 규격은 약 20*20cm이며 지퍼가 잠겨 있어야 반입 가능하다.

③ 투명 지퍼백이 완전히 잠겨있지 않을 경우 반입 불가하다.

④ 승객 1인당 1리터 이하의 투명 지퍼백 1개만 반입 가능하다.

⑤ 유아용 음식, 액체 및 젤 형태의 약품 등은 미리 검색 요원에게 휴대 사실을 신고하면 용량에 관계없이 반입 가능하다.

⑥ 지퍼백의 경우 고객이 직접 구비하거나 공항 내 편의점에서 구매 가능하다.

⑦ 출국 시 상품을 인도받지 못한 경우는 취소신청이 가능하며, 재출국 시 인도받을 수 있다.

⑧ 주문 내역의 처리상태가 '인도장 도착'인 경우 면세점 고객센터로 취소 요청이 가능하다. 미수령 후 30일이 경과하면 자동으로 구매 취소 처리된다.

2. 면세점에서 구입한 액체류 및 젤류에 대한 기내 반입 조건

1) 직항으로 출국하는 경우

① 전 면세점 공동 제작된 투명 봉인 봉투로 포장 시 용량, 수량에 관계없이 반입이 가능하다.

② 면세품 구입 당시 교부 받은 영수증이 투명 봉인 봉투에 동봉 또는 부착된 경우 반입 가능하다.

③ 투명 봉인 봉투는 최종 목적지에 도착한 후 개봉해야 하며, 그 전에 개봉된 흔적이 있거나 훼손되었을 경우 반입 불가하다.

2) 다른 국가를 경유하여 출국하는 경우

① 수하물 처리가 원칙이며, 미사용한 새 제품은 수하물이 아닐 경우 반입 불가하다.

② 개인이 소지한 물품은 아래의 개인 물품 기내 반입 조건을 충족해야 반입 가능하다.(나라별 항공사별 조건이 달라질 수도 있다)

예외 1. 미국을 경유하는 경우, 불투명 용기 및 금속 용기에 담긴 액체류, 젤류 제품은 반입이 제한된다.(투명 용기에 담긴 제품만 구매 가능)

예외 2. 경유 후 도착지가 미국령, 호주령, 캐나다, 버진아일랜드인 경우 액체류, 젤류 상품을 구매할 수 없다.

03. 부가세 환급 설명(사후면세점인 경우)

① TAX REFUND(부가세 환급) 장소는 ○○에 있습니다.

The place for your tax refund is in ○○.

退税服务台在○○。

투에이슈에이 푸우타이 짜이○○.

タックスリファンドの窓口は○○○にございます。

탁크스 리환도노 마도구치와 ○○○니 고자이마스.

② 영수증과 환급증명서, 구매하신 상품을 보여주시고 부가세를 환급 받으시면 됩니다.

You can get the VAT refund when you show the purchased product with the receipt and refund verification.

请出示一下收据，退税证明，以及您购买的商品，我们马上帮您办理退税。

칭 츄쉬 이시아 쇼우쮀, 투에이슈에이 정민, 이지 닌 꼬우마이더 샹핀, 워먼 마샹 빵닌 빤리 투에이슈에이.

レシートと還付金証明書、お買い上げの商品をお見せ下されば、還付金を受け取る事ができます。

레시-토토 감푸킹쇼-메-쇼, 오카이아게노 쇼-힌오 오미세 구다사레바, 감푸킹오 우케도루 고토가 데키마스.

1.7 전송

전송은 재방문율을 높이는 마지막 중요한 단계이다. 고객이 매장을 나갈 때까지 집중하며, 구매상품에 대한 감사의 마음과 구매에 대한 확신을 전달하도록 한다.

다음 쇼핑 상품 및 매장 위치를 안내하고, 이때 판매사원의 동작, 표정, 언어는 끝까지 정중하도록 한다. 구매하지 않은 고객에게도 친절하게 인사한다. 사지 않고 나가더라도 구매율이 높을 수 있는 가망 고객이다. 고객이 호감을 갖게 되면 언제든 돌아올 수 있으므로 구매한 고객과 동등하게 끝까지 배웅한다.

01. 고객이 구매한 상품(국산품, 교환권, 카드 등) 전달할 때

① 혹시 더 궁금한 것 있으세요? 감사합니다.

Anything else do you want to know? Thank you.

还有什么疑问吗? 谢谢!

하이요우셤머이원마? 씨에씨에!

何か、他にご不明な点はございますか。ありがとうございました

나니까, 호카니 고후메나 텐와 고자이마스까? 아리가토-고자이마시타.

② 고객님, 좋은 선물이 될 것입니다.

It will be a good gift.

收到礼物的人一定会喜欢的。

쇼우따오 리우 더런 이띵 후에이 시환더.

お土産にとても喜ばれると思います。

오미야게니 도테모 요로코 바레루토 오모이마스.

③ 감사합니다. 고객님, 즐거운 쇼핑 되셨나요?

Thank you. Did you enjoy your shopping?

谢谢! 您的购物愉快吗?

씨에씨에! 닌더 꼬우우 위콰이마?

ありがとうございます。ショッピングは楽しまれたでしょうか。
(楽しかったですか)

아리가토-고자이마스. 숍핑구와 다노시마레타데쇼-까?
(타노시캇타데스카)

④ 또 들러주시기 바랍니다. 즐거운 여행 되세요.

Please visit us again. Have a enjoyable trip.

欢迎再次光临。祝您旅行愉快。

환잉 짜이츠 꽝린. 쮸닌 뤼싱 위쿠아이.

またのお越しをお待ちしております。どうぞ楽しいご旅行を。

마타노 오코시오 오마치시테 오리마스. 도-조 다노시-고료코-오.

02. 고객을 전송할 때

① 감사합니다. 고객님, 다음에 또 뵙겠습니다.

Thanks a lot, We hope to see you again.

谢谢! 欢迎再次光临。

씨에씨에! 환잉 짜이츠 꽝린.

ありがとうございます。またのお越しをお待ちしております。

아리가토-고자이마스. 마타노 오코시오 오마치시테 오리마스.

② 감사합니다. 고객님, 즐거운 하루 되시기 바랍니다.

Thank you. Have a good day!

谢谢。祝您今天愉快!

씨에씨에. 쮸 닌 진티엔 위쿠아이!

ありがとうございます。楽しい一時をお過ごし下さい。

아리가토-고자이마스. 다노시-히토토키오 오스고시 구다사이.

- Do's
  - 고객이 매장을 나갈 때까지 주의를 기울인다.
- Don'ts
  - 마지막 배웅 인사 없이 다른 고객을 바로 응대하는 행동

03. 포장 & 전송 Check List 전송

〈표 1-2〉 Check List (포장, 전송)

구분	점검 항목	○	×
포장	1. 구매한 고객에게 포장 관련 정보를 제공하는가?		
	2. "잠시만 기다려 주시겠습니까?" 말을 하는가?		
	3. 포장 시 신속하게 행동하는가?		
	4. 코너 내 포장 장소가 별도로 있는가?		
	5. 고객에게 포장의 정성이 전달되는가?		
	6. 잘 구매하셨다는 확신을 주는 멘트를 하는가?		
전송	7. 진심으로 고마워하는 표정이 담겨 있는가?		
	8. 고객의 여권과 소지품 등을 잘 챙기는가?		
	9. 고객 배웅 시 마지막 인사를 하는가?		
	10. 구매하지 않은 고객에게도 인사를 하는가?		
	11. 고객이 매장을 나갈 때까지 주의를 기울이는가?		

04. 대중교통을 문의하는 경우

(근처에 있는 경우)

예, ○○ 나가시면 ○호선 지하철이 있습니다. 지하철 안내도 드리겠습니다.

Yes, there is a subway station for Line ○ as you go out of ourshop. Let me give you the Subway-Line Map.

从○○出去有地铁○号线。我这就把地铁线路图给您。

총○○츄취요우띠티에○하오시엔. 워쯔어지오 빠띠티에시엔루투게이닌.

○○から出られると、○号線の地下鉄の駅がございます。地下鉄の路線図をお渡ししましょうか。

○○까라 데라레루토, ○고-센노 치카테츠노 에키가 고자이마스. 치카테츠노 로센즈오 오와타시 시마쇼-까.

05. 맛집을 문의하는 경우

○○은 젊은 사람들이 많이 가는 곳으로 유명하고 ○○은 ○○맛으로 인기 있는 곳입니다. 휴대폰 앱으로 검색하시면 자세히 나와 있습니다.

○○ is a famous place for young people, and ○○ is also popular place for delicious, tasty food. You can find the details on applications on your cell phone.

○○的○○是年轻人喜欢去的地方, ○○的○○菜最有人气。

○○더○○쉬니엔칭런시환취더디팡, ○○더○○차이쭈이요우런치.

您可以参考手机应用软件中的详细介绍。

닌크어이찬카오 쇼우지잉용롼찌엔쭝더 시앙시찌에샤오.

○○は、○○が、若い方達に人気のスポットとして有名で、○○は、 ○○味で人気のスポットです。

○○와, ○○가, 와카이카카타치니 닌키노 스폿토토시테 유-메-데, ○○와 ○○아지데 닌키노 스폿토데스.

スマホのアプリで検索なさると、情報が得られます。

스마호노 아푸리데 겐사쿠 나사루토, 조-호-가 에라레마스.

1.8 전화 기본응대

고객과 통화 시 전화 음성이나 대화의 느낌으로도 직원의 감정상태, 자세, 손님에 대한 태도까지 전달되므로 성의 있는 응대가 중요하다. 눈에 보이지는 않지만 목소리를 통해 그 사람의 성격, 지역, 연령 등이 읽히므로 말하는 자세를 바르게 하는 것 또한 중요하다. '친절, 신속, 전문적'인 느낌이 들도록 얘기하는 것이 좋다. 전화는 소리에만 의존하기 하기 때문에 직원의 감정상태, 자세 손님에 대한 태도까지 느낌으로 전달될 수 있어 최선의 응대가 필요하다.

01. 전화 기본응대

① 전화 받기

감사합니다 ○○○입니다. 무엇을 도와드릴까요?

○○○. Thank you for your calling. What can I do for you?

谢谢! 我是○○○, 有什么可以帮助您的吗?

씨에씨에! 워쉬○○○, 요우 셤머 크어이 빵쭈 닌 더마?

お電話ありがとうございます。○○○でございます。

오뎅와 아리가토-고자이마스. ○○○데 고자이마스.

② 늦게 받은 경우

늦게 받아 죄송합니다. ○○○입니다. 무엇을 도와드릴까요?

○○○○. Sorry to get your call late. What can I do for you?

对不起,电话接得太慢了! 我是○○○, 有什么可以帮助您的吗?

뚜에이뿌치, 디엔화 지에더 타아만러! 워쉬○○○, 요우 셤머 크어이 빵쭈 닌 더마?

お待たせいたしました。○○○でございます。

오마타세 이타시마시타. ○○○데 고자이마스.

③ 연결할 경우

예 지배인을 연결하겠습니다, 잠시만 기다려 주시겠습니까?

Sure, I'll get our manager to you soon. Hold on, please.

好的, 我请经理接电话。请稍等。

하오더, 워칭찡리찌에디엔화. 칭샤오더엉.

配人におつなぎいたします。少々お待ちください。

시하이닌니 오츠나기 이타시마스. 쇼-쇼-오마치구다사이.

④ 전화가 잘못 걸려 왔을 경우

저희는 ○○○입니다. 전화를 잘못 거신 것 같습니다.

I think you got a wrong number.

我们是○○○。您好像打错了。

워먼 쉬○○○. 닌 하오시항따추어러.

こちらは○○○でございます。おかけ間違いのようですが。

고치라와 ○○○데 고자이마스. 오카케 마치가이노 요-데스가.

⑤ 매장 방문 일자를 변경하는 경우

예, 고객님 성함이 어떻게 되십니까?

언제로 변경해 드릴까요?

May I have your name?

Do you want to change the date?

客人, 请告诉我您的姓名。

크어런, 칭 까오수워 닌더 싱밍.

需要帮您换到哪一天?

쉬야오 빵닌 휜띠오 니이디엔?

はい、お客様、お名前をお願いいたします。

하이, 오캬쿠사마, 오나마에오 오네가이 이타시마스.

変更ご希望の日にちをお願いいたします。

헨코-고키보-노 히니치오 오네가이 이타스마스.

02. 매장 위치 안내를 하는 경우(지하철)

1시간 30분 정도 걸립니다.

○○철도를 타고 △개 역을 지나 ○○역에서 △호선을 타고 ○○역
에서 내리시면 됩니다.

3번 출구로 나와 100미터 정도 걸으면 정면에 ○○이 보입니다.

It take about one and half hours, remembering the followings:

Take a subway train at ○○ Station.

Transfer to △ Line at ○○ Station all after passing △ stations.

Get off at ○○○ Station and walk out to the Exit # 3.

You'll see ○○ in front of you, after 100m-walk down (up).

要1个半小时左右。

야오 이거빤 시아오쉬 주어요우.

搭乘○○地铁经过△个站就是○○站, 在那里搭乘△号线, 然后在○○
○换乘△号线, 到○○○站下车。

따청 ○○띠티에 찡꿔 △ 거짠 찌오쉬 ○○짠, 짜이나리 따청 △ 하오
시엔, 란호우 짜이○○○ 환청 △ 하오시엔, 따오○○○짠 시아츠어.

从3号出口出来, 走一百米, 前方就能看到○○了。

총 싼하오츄코우 츄라이, 조우 이빠이미, 치엔팡 지우넝 칸따오 ○○러.

1時間半ほどかかります。

이치지칸 한호도 가카리마스.

○○鉄道に乗って、△駅を過ぎると、○○駅です。

○○데츠도-니 놋테, △ 에키오 스기루토, ○○에키데스.

そちらで△号線に乗って、○○○駅で△号線に乗り換えた後、○○○
で降りてください。

소치라데 △ 고-센니 놋테, ○○○에키데 △ 고-센니 노리카에타 아
토, ○○데 오리테 구다사이.

3番出口から出られて、100メートルほど来られると、前方に○○が見えます。

삼반 데구치까라 데라레테, 햐쿠 메-토루 호도 고라레루토, 젠포-니 ○○
가 미에마쓰.

03. 매장 위치 안내를 하는 경우(공항버스, 택시)

① (공항버스를 이용하는 경우)

인천공항 5B정류장에서 공항버스 1234번을 타면 되는데요, 1시간
50분 정도 걸립니다.

You take the Airport Bus # 1234 at 5B Stop in Incheon international airport, it takes 1 hour 50 minutes.

在仁川机场5B公交站，坐1234号机场大巴，大约需要1个小时50分钟。

짜이 런츄안찌창 우삐 꽁찌아오짠, 쭈어 이알싼쓰하오 찌창따빠, 따위에 쉬야오 이거 시아오쉬 우스으 펀중.

インチョン空港の5Bのバス乗り場で空港バス1234番にお乗り下さい。1時間50分ほどかかります。

인촌쿠-코노 고비-노 바스노리바데 구-코-바스1234반니 오노리구 다사이. 이치지칸 고쥬-고훈 호도 가카리마스.

② (택시를 이용하는 경우)

택시를 이용하면 1시간 정도 걸리지만 요금이 45,000원 정도 나오고 톨게이트 비용은 별도입니다.

By taxi, it takes about one hour, but it costs 45,000 Won for taxi fee plus toll- gate fee as the additional.

打车的话需要1个小时，大约需要45000韩元，另外还需要加收过路费。

따츠어 더화 쉬야오 이거 시아오쉬, 따위에 쉬야오 쓰완우치엔 한 위엔, 링와이 하이 쉬야오찌아쇼우 꾸어루페이.

タクシーをご利用になると、1時間ほどかかりますが、タクシー料金が45,000ウォンほどかかりますし、トールゲート費用も本人の負担となります。

타쿠시-오 고리요-니 나루토 이치지칸호도 가카리마스가, 타쿠시-료-가 욘만 고센원호도 가카리마스시, 토-루게-토 히요-모 혼닌노 후탄토 나리마스.

불만고객 응대 매뉴얼

DUTY
FREE

개 요

불만고객 응대의 핵심은 고객의 마음을 이해하고 공감하는 데 있다. 불만의 원인이 무엇인지를 정확하게 파악해야 불만 내용에 대한 해결 처리가 가능하다. 본 PART에서는 불만고객 응대 매뉴얼을 활용하여 고객만족에 도움이 될 수 있는 내용을 구체적으로 학습한다.

학습목표

• 불만고객 응대 기본자세와 불만 해결을 위한 5단계 응대 기법, 불만 고객응대 시 피해야 할 언어 표현, 부정 화법을 긍정화법으로 표현, 불만고객 응대 시 효과적인 언어 표현 방법에 대해 학습한다.

목 차

불만고객 응대 매뉴얼

2.1 불만고객 응대 방법

고객이 불만이 있어 화를 내는 경우 고객의 감정이 매장 직원에게도 옮겨져서 같이 화를 내고 싸우는 일이 발생하면 고객은 떠나게 되고 고객과의 관계는 멀어져 간다. 고객 불만은 나에게 개인적인 감정이 있어서 화를 내는 것이 아니라 매장 관련 업무 처리에 대한 불만으로 불명확한 규정과 제도에 대하여 불만을 가지고 화를 내는 것으로 이해하고 고객 불만고객에게 맞대응하지 않으며 감정의 동요를 일으키지 않아야 한다.

01. 불만고객 응대 기본자세

- 고객 불만에 맞대응하지 않는다.

  불만고객 응대의 핵심은 고객의 마음을 이해하고 공감하는 데 있다. 불만의 원인이 무엇인지를 정확하게 파악해야 불만 내용에 대한 해결 처리가 가능하다. 고객이 말하는 동안에는 중간에 자르지 않고 끝까지 경청하는 자세가 중요하다.

- 책임감을 가지고 고객 불만을 처리한다.

  매장 내에서 발생한 고객 불만 사항이 다른 사람이 업무 처리한 결과라도 책임감을 가져야 한다. 나에 관한 사항이 아니라고 책임을 회피한다면 고객 불만은 더 커지게 된다.

- 불만고객의 입장에서 생각한다.

고객의 입장에서 생각하고 접근해야 불만고객의 마음과 생각을 이해할 수 있다. 그래야만 매장 내에 발생하는 고객 불만을 쉽게 처리할 수 있게 된다.

- 불만고객의 말을 들어 준다.

고객보다 더 많은 말은 불만고객의 입장보다 자신의 입장을 먼저 전하려는 것이기 때문에 고객을 더 화나게 할 수 있다. 고객이 불만을 이야기할 때 끝까지 경청하는 자세가 고객의 불만을 빨리 해결하는 지름길이 될 수 있다.

 불만고객응대 3변법(MTP)

- **M(Man): 고객을 응대하는 사람을 바꿔준다.**
  불만 해결의 열쇠를 지닌 '상급자'가 직접 응대하여 정중하고 객관적인 해결방안을 제시한다.
- **T(Time): 응대하는 시간을 바꿔준다.**
  고객과 직원 모두 감정을 다스릴 수 있는 시간을 제공한다.
- **P(Place): 응대하는 장소를 바꿔준다.**
  불만이 일어난 상황 및 사건에서 일시적으로 벗어나, 주변 고객들까지 불만 상황에 귀 기울이지 않도록 한다

사람(Man)   시간(Time)   장소(Place)

02. 불만 해결을 위한 5단계 응대

• 고객이 매장에서 상품이나 서비스 관련 항의를 하는 경우

1) 1단계 - 사과 & 경청

① 네~ 맞습니다., 그러셨군요., 불편을 끼쳐드려 죄송합니다.

I truly understand your concern,, I can understand why you'd be upset.,

I am so sorry for any problems you have experienced.

是的，原来如此 给您带来的不便，我们深感抱歉。

스으더, 왜앤라이루츠 게이닌 따이라이 부우삐앤, 워어머언 서

언가안바오치앤.

はい、そうです。大変申し訳ありません。

하이소-데쓰. 타이헨 모-시와케아리마셍.

② 고객님, 죄송합니다. 많이 불편하셨겠습니다.

I deeply apologize for any convenience this may have caused you.

尊敬的客户，我们给您带来不便，感到深感抱歉。

주운지잉더커어후우, 워어머언 게이닌 다이라이 부우비앤, 가

안따아오 서언가안바오치앤.

お客様、ご不便をおかけして申し訳ありません。

오캬쿠사마 고후벤오오가케시테 모-시와케아리마셍.

• Do's
- 고객과 눈 맞춤을 하고 고객의 말에 몸을 기울이며 듣는 행동
- "아, 네." "네, 그러셨군요."
• Don'ts
- 고객의 말을 끊거나 직원이 더 많이 한다.

2) 2단계 - 공감 & 감사

① 네. 고객님, 죄송합니다. 고객님 상황이 충분히 이해가 갑니다.

I am so sorry for this trouble. You have a right to be upset, and I would feel the same way if I were in your shoes.

是的, 顾客, 不好意思。顾客的情况完全可以理解。

스더, 구커, 부우하오이스, 구커어더 치잉콰앙 와안챼앤 커이 리이제.

申し訳ありません。お気持ちお察し致します。

모-시와케아리마셍. 오키모치 오삿시이타시마쓰.

② 이렇게 문제점을 알려주셔서 감사합니다.

Thank you so much for letting us know about this./ Thank you very much for your valuable feedback.

谢谢您, 这样通知我问题所在。

쎄쎄닌, 저어야앙 투웡즈 워 원티쉬어자이.

問題点をお話いただきありがとうございます。

몬다이텐오 오하나시이타다키 아리가또-고자이마쓰.

- Do's
  - 고객의 이야기를 들으며 중요한 단어나 문장을 복창하며 되묻는 행동
  - "고객님 말씀은 ~~이죠?"
- Don'ts
  - 책임을 회피하는 행동
  - "제가 판매한 상품이 아니라 잘 모르겠습니다."

3) 3단계: 원인 분석

① 어떤 점이 불편한지 말씀해주시면 바로 확인해보겠습니다.

For the quickest resolution, would you mind if I ask you about the inconvenience you have faced? I will take action without a moment's delay.

如果您告诉我某些部分不便的话，我会马上确认给您。

루우궈어 닌 가오수우워어 머우세에 부우퍼언 부비앤더화, 워 후이 마사앙 최에러언 게이니인.

どの部分がご不便であったか教えていただければ、すぐに確認させていただきます。

도노부분가 고후벤데앗따까 오시에테이따다케레바, 스구니 가쿠닌사세테 이타다끼마쓰.

② 혹시 다른 불편하신 점이나 더 필요하신 것은 없으십니까?

Is there anything else I can help you with?

还有，其他不便之处或有其他需要吗?

하이여우, 치타 부비앤 즈추, 휘 여우치타 쉬이야오우 마?

他にご不便な点や、ご確認が必要なのはありませんか。

호카니고후벤나텐야 고가쿠닌가히츠요-나노와아리마셍까?

- Do's
  - 불만에 대해 적극적인 자세로 임하고 있다는 믿음을 심어주는 행동
- Don'ts
  - 원인 파악보다 변명을 먼저 하는 행동

4) 4단계 - 해결방안 모색 & 대안 제시

① 담당자와 상의해서 곧 처리해드리겠습니다.

I'll discuss it with the person in charge and take care of it soon.

我将于负责人讨论并尽快处理。

워어 쟈앙위이 푸우저어러언 타오루운 비잉 지인콰이 추우리이.

直ぐに、担当の者に確認させていただきます。しばらくお待ちください。

스구니탄토-노모노니 가쿠닌사셋테이타다끼마쓰. 시바라쿠오
마치구다사이.

② 이런 일이 발생하지 않도록 노력하겠습니다.

We will do everything we can to avoid the problem and provide
a much better experience in the future.

我们会努力避免发生这样的事情。

워어머언 후이 누우리이 비이미앤 파서엉 저어야앙더 스으치잉.

二度と、このようなことの無いよう注意させて致します。

니도토 코노요-나고토노나이요- 츄-이사세테이타시마쓰. .

* Do's
 - 불가능한 부분이 있을 경우 최대한 정중하게 설명하는 행동
* Don'ts
 - 회사의 방침이 안 된다며 대안이 없음을 강조하는 행동

5) 5단계 - 신속한 처리 & 감사 인사

① 고객님, 불편을 드려 다시 한번 사과 드리겠습니다.

I once again deeply apologize for the inconvenience you experienced.

顾客, 给您带来不便, 再次给您道歉。

구우커어, 게이닌 따이라이 부우비앤, 자이츠 게이닌 다오치앤.

ご迷惑をおかけいたしましたこと、再度お詫び申し上げます。

고메이와쿠오 오카케이타시마시타고토, 사이도 오와비모-시아
게마쓰.

② 고객님께서 이해해 주셔서 진심으로 감사합니다.

Thank you very much for your patience and understanding.

非常感谢您的理解。

페이차앙 가안쩨 닌더어 리이지에.

ご理解いただき誠にありがとうございます。

고리카이이타다끼 마코토니아리가토-고자이마쓰.

- Do's
  - 처리 결과에 대해 다시 한번 설명하고, 고객의 만족 여부를 확인하는 행동
  - 고객 불만 처리 후 고객의 만족 여부와 추가적으로 다른 불만은 없는 지 확인하는 행동
  - 불만고객의 고객 요구 사항을 해결하고 실행 처리한 후 고객에게 감사 의 마음을 전하고 마무리하는 행동
- Don'ts
  - 처리 결과를 생색을 내는 듯이 말하는 행동

03. 불만고객 응대 시 피해야 할 언어 표현

① "아마도 ~인 것 같습니다."

짐작해서 대답하지 않는다. 판매직원은 전문가이기 때문에 담당자 가 확신이 없으면 사실로 오해할 수 있다. 반드시 확인 후 전달한다.

② "없습니다."

고객은 없는 것을 대부분 알고 있고 그 대답을 원하는 것이 아니 다. 유사품이나 대체품을 추천하는 것이 정답이다.

③ "어느 것이든 똑같습니다."

비슷하다와 같다는 다르다. 어디가 다른지 설명할 수 있을 정도로 상품 지식을 가지고 있어야 한다.

④ "이 카드는 사용할 수 없습니다."

다른 고객이 이 말을 들으면 당사자는 불쾌감이나 무안함을 느낀다. "고객님, 다른 카드도 가지고 계신가요?" 등 돌려서 표현한다.

⑤ "환불해 드리겠습니다."

환불은 최후의 수단으로 쉽게 말하지 않는다.

환불하기 이전에 고객이 만족할 다른 서비스는 없는지 다시 한번 확인한다.

⑥ "저희가 아니라 고객님 잘못이시네요."

무조건 고객 탓으로 돌리지 않도록 주의한다.

- "이런 컴플레인은 고객님이 처음입니다."
- "사용하시다가 고객님이 실수하신 거 아닌가요?"
- "회사 규정상 그런 건 안됩니다."

04. 쿠션어를 이용한 표현

쿠션어는 딱딱한 소파에 부드러운 쿠션을 깔아주는 것처럼, 대화를 부드럽게 해주는 역할을 하는 단어나 표현을 의미한다. 보통 상대방에게 대해 부탁, 의뢰, 거절, 요청, 공감 등의 상황에서 문장 앞에 표현함으로써 대화는 물론 상황을 부드럽게 만드는 역할을 한다.

① 실례지만, 구매하신 날짜가 언제인가요?

Would you mind if I ask you when you purchased this?

请问, 您购买日期是什么时候?

치잉워언, 니 거우마이 르으치이 스으 서언머어 스으 허우?

失礼ですが、いつ購入されましたでしょうか。

시츠레이데스가, 이츠 코-뉴사레마시타데쇼-카?

② 실례지만, 고객님 주문 내역을 잠시 확인해도 될까요?

Do you mind If I look at your order quickly?

打扰一下, 我们可以查一下您的订单记录吗?

다아로오이샤, 워어머언 커이 차 이샤아 닌 더 디잉다안 지이루우마아?

失礼ですが、お客様の注文履歴を確認させていただいても宜しいでしょうか。

시츠레이데스가, 오캬쿠사마노츄-몬리레키오 카쿠닌사셋테이타
다이테모 요로시이 데쇼-카?

③ 괜찮으시다면, 고객상담실로 잠깐 이동해도 괜찮으시겠습니까?

If you don't mind, may I take you to the customer service office for
a moment?

如果您不介意的话, 可以跟我一起去客户服务室吗?

루궈닌 부우제이더화아, 커어 이 거언워어 이치이취이 커후푸우스으 마?

よろしければ、お客様相談室までお願い出来ますでしょうか。

요로시케레바, 오캬쿠사마소-단시츠마데 오네가이데키마스데쇼-까?

④ 양해해 주시면, 최선을 다해 처리하겠습니다.

Thank you very much for your patience and understanding. We will
do our best to resolve the issue as soon as possible.

敬请谅解。我们将尽力处理。

지잉치잉 랴앙지에. 워어 머언 지양 지인리이 추우리이.

ご理解いただければ、最善を尽くさせていただきます。

고리카이이다타케레바, 사이젠오츠쿠사세테이타다키마쓰.

불만고객 응대기법 – Yes, but 화법

고객은 자신의 의견을 바로 거절당할 경우 매우 불쾌한 감정이 들게 되므로, 고객의 의견에 바로 '틀렸다', '아니다'라고 반박하지 말고 인정 후, 반론을 제기하는 것이 효과적이다.
ex) "고객님 말씀이 옳습니다. 하지만, ..."
　　"그 의견에도 일리가 있습니다. 하지만, ..."

05. 부정화법을 긍정화법으로 표현

① 저는 잘 모르겠습니다.

→ "저는 잘 모르지만 잠시 확인해보겠습니다."

I am not sure if I am the best person to answer that, but I will get you the right information. / find out and let you know immediately.

我不太清楚，我先确认。

워어 부우타이 치잉추우, 워 시앤 최에러언.

私にはわかりかねますので、確認して参ります。

와타시니와와카리카네마쓰노데, 카쿠닌싯테마이리마쓰.

② 잠시만요.

→ 실례지만, 잠시 확인해보겠습니다.

Excuse me. Let me check for a moment.

不好意思 我先确认。

부우하오이스, 워 시앤 최에러언.

失礼ですが、確認して参りますので、暫くお待ちくださいませ。

시츠레이데스가, 가쿠닌싯테마이리마쓰노데, 시바라쿠오마치구다사이마세.

③ 고객님, 기다리게 해서 죄송합니다.

→ 고객님, 기다려 주셔서 감사합니다.

Sir/Madam, Thank you for waiting.

不好意思，让您久等了。

부우하오이스으, 라앙닌 쥬우더엉러어.

お待ちいただき、誠にありがとうございます。

오마치이타다끼, 마코토니아리가토-고자이마쓰.

④ 잠깐 기다리세요.

→ 잠시 기다리시면 곧 처리해드리겠습니다.

Would you wait for a moment? I will attend to your request without delay.

稍等一下，马上给您处理。

사오 더엉이샤아, 마아사앙 게이닌 추우리.

すぐ確認させて頂きますので少々お待ちくださいませ。

스구, 카쿠닌사셋테이타다끼마쓰노데, 쇼-쇼-오마치구다사이마세.

⑤ 고객님, 다 됐어요.

→ 오래 기다리셨습니다. 감사합니다.

Thank you for waiting so long.

让您久等了，谢谢。

라앙니인 쥬우더엉러, 쎄쎄.

大変お待たせしました。ありがとうございます。

타이헨오마타세이타시마시타. 아리가토-고자이마스.

⑥ 안돼요.

→ 곤란합니다.

I am afraid I may not/cannot…. (문장)

困难。

쿠운 나안.

申し訳ありません。

모-시와케아리마셍.

06. 불만고객 응대 시 효과적인 언어 표현

① 네, 고객님 마음 충분히 이해합니다.

I fully understand how you would feel.

是的，充分理解顾客的心情。

스으더, 추웅퍼언 리이제 구우커어더 시인치잉.

お気持ち十分お察し致します。

오키모치쥬분 오삿시이타시마쓰.

② 불편을 끼쳐드려 정말 죄송합니다.

I deeply apologize for the inconvenience.

给您带来不便，真不好意思。

게이닌 다이라이 부우비앤, 저언 부우하오이스.

ご迷惑をおかけし大変申し訳ありませんでした。

고메이와쿠오오카케시 타이헨모-시와케아리마셍데시타.

③ 바쁘신데 직접 오시게 해드려 죄송합니다.

I'm sorry to have you come in person when you're busy.

百忙之中，还让您亲自来一趟，真不好意。

바이마앙즈으주웅, 하이라앙 닌 치인즈으 라이타앙, 저언 부우하오이스.

お忙しい所、ご足労をおかけし申し訳ありません。

오이소가시도코로, 고소쿠로-오오카케시 모-시와케아리마셍.

④ 바로 도와드리겠습니다.

I'll help you right away.

我立即帮助您。

워어 리지이 바앙주우닌.

すぐお手伝いいたします。

스구, 오테츠다이이타시마스.

⑤ 불편함이 없도록 최대한 노력하겠습니다.

I will do my best to make sure you are satisfied with our service.

我会尽力避免造成任何不便。

워어후이 지인리이 비미앤 자오처엉 러언허어 부우비앤.

ご迷惑のありませんよう、最善を尽くします。

고메이와쿠노아리마셍요- 사이젠오츠쿠시마쓰.

⑥ 바로 해결해 드리지 못해 죄송합니다.

I apologize for the delay that may have caused you inconvenience.

很抱歉，没能立即给您解决。

허언바오치앤, 메이너엉 리이지이 게이닌 지에죄에.

お時間をおかけし申し訳ありません。

오지칸오오카케시 모-시와케아리마셍.

⑦ 나중에 다시 방문해 주시면 더 좋은 서비스로 보답하겠습니다.

We look forward to provide you with a much better experience next time.

如果再次访问，我们将用更好的服务回复您。

루우궈어 자이츠 파앙워언, 워어먼 쟈앙유웅 거엉 호우더 푸우 후 이푸우니인.

次回、お越しいただければ、より良いサービスにてご案内いたします。

지카이, 오코시이타다케레바, 요리요이사-비스니테 고안나이이타시마쓰.

⑧ 고객님의 소중한 의견 감사합니다.

Thank you very much for your valuable feedback.

感谢客户的宝贵意见。

가안세에 커어후우 더 바오구이 이지앤.

貴重はご意見、誠にありがとうございます。

키쵸-나고이켄, 마코토니아리가토-고자이마쓰.

⑨ 관련 규정이 바뀌어 미처 파악하지 못한 것 같습니다.

I am so sorry to the inconvenience caused by my lack of understanding of the new regulation.

相关规定变了，可能没来得及弄清楚。

샤앙과안 구이디잉 비앤러, 커어너엉 메이라이더지이 누웅 치잉추우.

関連規定が変わってしまい、把握しきれておりませんでした。

칸렌키테-가카왓데시마이, 하아쿠시키레테오리마셍데시타.

⑩ 앞으로 이런 일이 발생하지 않도록 시정하겠습니다.

I'll make sure this doesn't happen again.

我将对其进行纠正，以免将来发生这种情况。

워어 쟈앙 두이치이 지인시잉 쥬우 저엉, 이미앤 쟈앙라이 파아서엉 저어주웅치잉 콰앙.

今後、このようなことのありませんよう、
教育を徹底させていただきます。

콘고, 코노요-나고토노아리마셍요-쿄-이쿠오
텟테이사세테이타다키마쓰.

07. 예상 외 상황 응대 요령

1) POS에서 결제를 하는 동안 다른 고객이 오래 대기할 경우

① (기다리는 고객에게)

죄송하지만, 잠시만 기다려주시기 바랍니다.

I am so sorry, but could you wait just for a moment.

不好意思，稍等一下。

부우하오 이스으, 샤오더엉 이샤아.

誠に申し訳ありませんが、少々お待ちいただけませんか。

마코토니모-시와케아리마셍가, 쇼-쇼-오마치이타다케마셍카.

② (기다렸던 고객의 차례가 되면)

기다려 주셔서 감사합니다.

Thank you for waiting.

谢谢您的等待。

쎼쎼 닌 더어 더엉 다이.

お待たせ致しました。

오마타세이타시마시타.

• Do's
- 기다리는 고객에게 미소 띤 얼굴로 양해를 구하는 행동
• Don'ts
- 기다리는 고객에게 관심을 보이지 않거나, 아무런 말을 하지 않는 행동

2) 고객이 찾는 상품이 없는 경우

(매장에 재고가 없는 경우)

① 죄송하지만, 찾으시는 상품 재고가 없습니다.

I am afraid that we do not have the requested item left in stock.

不好意思，您找的产品没有库存。

부우 하오 이스으. 니인 자오 더 차안피잉 메이여우 쿠우 추운.

申し訳ありませんが、ただいまこの商品は在庫を切らせております。

모-시와케아리마셍가, 타다이마코노쇼-힝와 자이코오키라세테
오리마쓰.

② 괜찮으시다면 비슷한 디자인의 다른 상품을 보여드릴까요?

Would you like to see other similar ones you might be interested in?

如果可以的话，帮您找类似款式的产品？

루우궈어 커이더 화아, 바앙니인 자오 레이스으 콰안스으 더
차안피잉?

もし宜しければ、別のデザインの商品は如何でしょうか。

모시요로시게레바, 베츠노데자인노쇼-힝와 이카가데쇼-카?

- Do's
  - 해당 상품이 없으면, 다른 상품을 대신 보여주는 행동
- Don'ts
  - 재고가 없다는 말만 하는 행동

3) 신용카드가 한도 초과로 승인이 안 되는 경우

① 죄송하지만, 카드 승인이 안 되고 있어,
다른 카드를 가지고 계시면 다시 확인해보겠습니다.

I am sorry, but your credit card has been declined. Do you have
another one I can try with.

很抱歉，此卡刷不了，如果您有另卡，我再确认。

허언 바오치앤, 츠으카아 솨아부우 료오, 루우궈어 닌 여우 리
잉카아, 워어 자이 최에 러언.

大変申し訳ありません。このカードは読み込みができませんが、
타이헨모시와케아리마센. 코노카-도와 요미코미가테키마셍가,
他にお待ちのカードがありましたらお願い致します。
호카니 오모치노 카-도가아리마시타라 오네가이시마쓰.

② 마그네틱 손상이나 단말기의 문제일 수 있습니다.

The magnetic stripe may have been damaged, or the credit card
reader is probably not working properly.

可能是磁性损伤。

커어너엉 스 츠으시잉 수운사앙.

磁気(マグネチック)か端末機の問題かもしれません。
지키(마구네칫쿠)카 탄마츠키노 몬다이카모시레마셍.

③ 죄송합니다만, 승인이 안 되어 처리가 불가능합니다.
어떻게 처리해드릴까요?

I am afraid this one has been declined. What other type of payment
would you like to use?

很抱歉, 由于未经批准, 无法处理, 我该如何处理?

허언바오치앤, 여우위이 외이지잉 피이주운, 우파아추우리이,
워어 가이루우허어 추우리이?

申し訳ありません。

모-시와케아리마셍.

カードの読み込みが出来ず決済が出来ません。

카-도노요미코미가데키즈 켓사이가데키마셍.

どのように致しましょうか。

도노요-니 이타시마쇼-카?

DUTY FREE SHOP
SERVICE PRACTICE

IV

부록

1. 고객응대 기본 표현

01. 인사

한국어	처음 뵙겠습니다.	안녕히 가세요.	도와 드리겠습니다.
영어	Nice to meet you.	Good bye.	I'll help you.
일본어	はじめまして。 하지메마시떼	さようなら。 사요오나라	手伝います。 테쯔다이마스
중국어	初次见面。 츄츠찌엔미엔	再见! 짜이찌엔	我帮您。 워빵닌
한국어	안녕하세요.(오전)	안녕하세요.(오후)	안녕하세요.(저녁)
영어	Good morning.	Good afternoon.	Good evening.
일본어	おはようございます。 오하요-고자이마스	こんにちは。 콘니찌와	こんばんは。 콘방와
중국어	早上好! 짜오샹 하오	下午好! 샤우 하오	晚上好! 완샹 하오
한국어	실례합니다.	죄송합니다.	또 만나요.
영어	Excuse me.	I'm Sorry.	See you again.
일본어	失礼します。 시쯔레이시마스	すみません。 / ごめんなさい。 스미마생 / 고멘나사이	また会いましょう。 마따 아이마쇼-
중국어	打扰一下。 다라오이시아	对不起。 뚜이부치	再见。 자이젠
한국어	환영합니다.	반갑습니다.	감사합니다.
영어	Welcome.	Nice to meet you.	Thank you.
일본어	ようこそ。 요코소	お会いできてうれしいです。 오아이데키테 우레시-데스	ありがとうございます。 아리가토-고자이마스
중국어	欢迎。 환잉	见到您很高兴。 찌엔따오닌 헌 까오싱	谢谢。 씨에씨에

02. 방향

한국어	오른쪽	왼쪽	중앙
영어	On the right	On the left	In the middle
일본어	右 미기	左 히다리	中央 추-오-
중국어	右边 요우삐엔	左边 주어삐엔	中间 쫑지엔
한국어	위	아래	옆
영어	On	Below	Next to/by
일본어	上 우에	下 시타	隣／横 도나리/요코
중국어	上 상	下 시아	旁边 팡비엔
한국어	올라 가십시오.	내려 가십시오.	이곳입니다.
영어	Go up, please.	Go down, please.	This way, please.
일본어	お上がり下さい。 오아가리 쿠다사이	お下がり下さい。 오사가리 쿠다사이	こちらです。 고치라데스
중국어	请上去。 칭샹취	请下去。 칭시아취	在这里。 짜이쩌리
한국어	따라오십시오.	이쪽입니다.	저쪽입니다.
영어	Follow me.	This way, please.	That way, please.
일본어	こちらへどうぞ。 코치라에 도우조	こちらです。 코치라데스	あちらです。 아치라데스
중국어	请跟我来。 칭건워라이	在这边。 짜이쩌비엔	在那边。 짜이나비엔

03. 감정

한국어	축하합니다.	재미있어요.	아름답습니다.
영어	Congratulations.	It's fun.	It's beautiful.
일본어	おめでとうございます. 오메데토-고자이마스	おもしろいです. 오모시로이데스	うつくしいです. 우쯔쿠시이데스
중국어	恭喜. 꽁씨	很有意思. 헌요이쓰	很漂亮. 헌피오량
한국어	좋습니다.	싫습니다.	괜찮습니다.
영어	That's all right.	I don't like it.	It's ok.
일본어	いいです. 이이데스	いやです. 이야데스	大丈夫です. 다이죠-부데스
중국어	很好. 헌하오	不好. 뿌하오	还行. 하이씽
한국어	훌륭해요.	슬퍼요.	기뻐요.
영어	It's great.	I'm sad.	I'm glad.
일본어	素晴らしいです. 스바라시이데스	悲しいです. 카나시이데스	嬉しいです. 우레시이데스
중국어	很优秀. 혼요씨유	伤心. 샹씬	很高兴. 헌까오씽
한국어	천천히 하세요.	서두르십시오.	바쁘십니까?
영어	You can do it slowly.	Hurry up, please.	Are you busy?
일본어	ゆっくりしてください. 윳꾸리시떼쿠다사이	急いでください. 이소이데쿠다사이	忙しいですか. 이소가시-데스까
중국어	慢慢来. 만만라이	快点儿. 콰이디알	您忙吗? 닌망마

2. Item 주요 키워드

01. 화장품

한국어	영어	일본어	중국어
립스틱	Lip stick	リップスティック 립뿌스틱구	口红 커우훙
립글로스	Lip gloss	リップグロス 립뿌그로스	唇彩 춘차이
마스카라	Maskara	マスカラ 마스카라	睫毛膏 지에마오까오
민감성	Sensitivity	敏感性 빈칸세	敏感 민간싱
복합성	Complexity	複合性 후쿠고세	复合性 후허싱
스킨	Skin	スキン 스킨	化妆水 화장쉐이
로션	Lotion	ローション 로-숀	乳液 루예
에센스	Essence	エッセンス 엣센스	精华素 징화쑤
선 크림	Sun-cream	日焼け止めクリーム 히야케도메 크리-무	防晒霜 팡샤이솽
영양크림	Nourishing cream	栄養クリーム 에이요-크리-무	营养霜 잉양솽
미백크림	Whitening cream	美白クリーム 비하크 크리-무	美白面霜 메이빠이미엔솽
아이크림	Eye cream	アイクリーム 아이 크리-무	眼霜 미엔솽
핸드 크림	Hand cream	ハンドクリーム 한도 크리-무	护手霜 후셔우솽
클렌징 크림	Cleansing cream	クレンジングクリーム 크렌징구 크리-무	洁面霜 지에미엔솽
파운데이션	Foundation	ファ(ウ)ンデーション 환데-숀	粉底霜 펀디솽
아이 섀도	Eye shadow	アイシャドー 아이샤도-	眼影 옌잉
아이라이너	Eyeliner	アイライナ 아이라이나	眼线液 옌씨엔예

02. 패션잡화

한국어	영어	일본어	중국어
지갑	Purse/wallet	財布 사이후	钱包 치에빠오
가방	Bag	かばん 가방	包 바오
펜, 만년필	a fountain pen	万年筆 만넨히츠	钢笔 강삐
반지	Ring	指輪 유비와	戒指 찌에즈
팔찌	Bracelet	腕輪 / ブレスレット 우데와 / 브레스렛또	手镯 셔우주어
귀걸이	Earing	イヤリング 이야링구	耳环 얼환
목걸이	Necklace	ネックレス 넥꾸레스	项链 씨앙리엔
손목시계	Watch	腕時計 우데도케-	手表 셔우비아오
선글라스	Sunglass	サングラス 상구라스	太阳墨镜 타이양 모어징
모자	Hat	帽子 보우시	帽子 마오즈
장갑	Gloves	手袋 테부쿠로	手套 셔우타오
손수건	Handkerchief	ハンカチ 항카치	手绢 셔우파
양말	Socks	靴下、ソックス 구츠시타, 속크스	袜子 와쯔
구두	Shoes	靴 쿠쯔	皮靴 피시에
운동화	Sneakers	運動靴 운도우구쯔	运动鞋 윈똥시에
슬리퍼	Slippers	スリッパ 스립빠	拖鞋 투어시에
부츠	Boots	ブーツ 부쯔	长筒靴 창통쉬에

03. 의류

한국어	영어	일본어	중국어
의류	Clothing/Wear	衣類 이루이	服裝 프쫭
와이셔츠	Shirts	シャツ 샤츠	襯衫 첸샨
스카프	Scarf	スカーフ 스카-후	丝巾 쓰진
모피	Fur	毛皮 케가와	毛皮 마오피
실크	Silk	シルク 시르쿠	丝绸 쓰처우
스커트	Skirt	スカート 스카-토	裙子 췬쯔
재킷	Jacket	ジャケット 쟈켓또	夹克 지아커
티셔츠	T-shirts	Tシャツ 티샤쯔	T恤衫 티쉬샨
스웨터	Sweater	セーター 세-타-	毛衣 마오
면바지	Denim	コッ パン 코쯔팡	棉裤 미엔쿠
반바지	Shorts	牛ズボン 항즈봉	短裤 두안쿠
청바지	Jeans	ブルージーンズ 부루-진즈	牛仔裤 니우자이쿠
한복	Korean dress	韓服 한보쿠	韩服 한푸
양복	Suit	洋服 요-후쿠	西裝 시쫭
코트	Coat	コート 코-토	外套 와이타오

04. 전자제품

한국어	영어	일본어	중국어
전자제품	Electronics	電子製品 덴시세이힌	电子产品 띠엔치창핑
면도기	Razor	剃刀 카미소리	剃须刀 티쒸따우
선풍기	Electric fan	扇風機 센푸-키	电风扇 띠엔펑샨
스피커	Speaker	スピーカー 스피-카	音箱 인시앙
충전기	Electric charger	充電器 주덴키	充电器 총띠엔치
핸드폰케이스	Cell phone case	スマホケース 스마호 케-스	手机壳 쇼우찌크어
마우스	Mouse	マウス 마우스	鼠标 슈삐아오
게임기	Game device	ゲーム機 게-무키	游戏机 요우시찌
태블릿	Tablet	タブレット 다부렛토	平板电脑 핑빤디엔나오
이어폰	Earphone	イヤホーン 이야혼	耳机 얼찌
핸드폰	Cell phone	携帯 케이타이	手机 셔우지
카메라	Camera	カメラ 카메라	照相机 짜오시앙찌
전기밥솥	Electric-rice cooker	電気釜 뎅키가마	电锅 띠엔구어
에어컨	Air-conditioner	クーラー 쿠-라	空调 콩티아오
노트북	Laptop	ノートパソコン 노-토 파소콘	笔记本电脑 삐찌뻔디엔나오
공기청정기	Air-cleaner	空気清浄機 쿠우키 세이죠-키	空气清新器 콩치 칭신기

05. 인삼, 홍삼/ 식품

한국어	영어	일본어	중국어
홍삼	Red-ginseng	紅参 홍사무/코-진	紅参 홍션
홍삼 뿌리	Red ginseng root	紅参の根 코-진노네	红参根 홍션건
홍삼정	Red-ginseng extract	紅参精 코-진세이	红参精 홍션찡
인삼	Ginseng	人参 닌진	人蔘 런션
건삼	Dried ginseng	乾参(乾燥させた人参) 간진(간소-사세타 닌진)	干参 깐션
홍삼차	Red-ginseng tea	紅参茶 고-진차	红参茶 홍션차
홍삼절편	Red-ginseng slice	紅参切片 고-진 셋펜	红参切片 홍셔치에피엔
홍삼캔디	Red-ginseng candy	紅参飴 고-진 아메	红参糖 홍션탕
비타민제	Vitamins	ビタミン剤 비타민자이	维生素产品 웨이션쑤찬핀
영양제	Nutritional supplement	栄養剤 에-요-자이	营养品 잉양핀
한과	Korean traditional sweets/cookies	韓菓子 칸가시	漢菓 한구
녹차	Green tea	緑茶 로쿠챠	绿茶 뤼차
초콜릿	Chocolate	チョコレート 초코레-토	巧克力 치아오크어리
감귤	Tangerine	みかん 미칸	桔子 쥐즈
김치	Kimchi	キムチ 기무치	泡菜 파오차이
김	Dried laver	海苔 노리	海苔 하이타이

3. 지역별 시내면세점 주소

구분				위치 & 연락처
법령 구분	지역	면세점	점구분	
시내 면세점	서울	롯데 면세점	명동본점	서울시 중구 을지로 30 롯데백화점 명동본점 9-12층 ☎ 02-759-6660~2
			월드타워점	서울시 송파구 올림픽로 300, 롯데월드타워 몰 8-9층 ☎ 1688-3000
		신라 면세점	서울점	서울특별시 중구 동호로 249 B1F~3F ☎ 1688-1110
		동화 면세점	본점	서울특별시 종로구 세종대로 149, (광화문 빌딩) B1~5F ☎ 1688-6680
		신세계 면세점	명동점	서울특별시 중구 퇴계로 77, 신세계백화점 본점 8F~12F ☎ 1661-8778
		신라아이파크 면세점	본점	서울특별시 용산구 한강대로 23길 55 (아이파크몰 3F~7F) ☎ 1688-8800
		현대백화점 면세점	무역센터점	서울시 강남구 테헤란로 517 현대백화점 무역센터점 8~10F ☎ 1811-6688
	경기	앙코르 면세점	본점	경기도 수원시 팔달구 권광로 132 이비스 앰베서더수원 호텔 B1F ☎ 031-298-8888
	부산	롯데 면세점	부산점	부산광역시 부산진구 가야대로 772, 롯데백화점 부산점 8층 ☎ 051-810-3880
		신세계 면세점	부산점	부산광역시 해운대구 센텀4로 15, 신세계 센텀시티몰 B1~1F ☎ 1661-8778
		부산 면세점	용두산점	부산광역시 중구 용두산길 37-55 (광복동 2가 1-2) ☎ 051-460-1900

구분				위치 & 연락처
법령 구분	지역	면세점	점구분	
시내 면세점	대구	그랜드 면세점	본점	대구광역시 수성구 동대구로 59길 8-10 그랜드면세점 ☎ 053-251-2000
	울산	진산 면세점	본점	울산광역시 남구 장생포고래로 305 ☎ 052-281-5555
	제주	롯데 면세점	제주점	제주특별자치도 제주시 도령로 83 제주연동 롯데시티호텔 1-3층 ☎ 1688-3000
		신라 면세점	제주점	제주특별자치도 제주시 노연로 69 1F-2F ☎ 1688-1110
		제주관광공사 면세점	제주 신화월드점	제주특별자치도 서귀포시 안덕면 신화역사로 304번길 38 ☎ 1670-1188

자료 출처

한국면세점협회 http://www.kdfa.or.kr
관세청 http://www.customs.go.kr
서울관광재단 http://korean.visitseoul.net/taxrefund Tax Refund
인천국제공항공사 https://www.airport.kr/ap/ko/index.do
박승혁(2019) 『중국 소비시장 현황과 시사점』, Trade Focus 2019년 39호
네이버포스트(2018) 〈중국의 선물문화〉, 차이나탄
중국을 읽어주는 중국어 교사 모임(2018) 『지금은 중국을 읽을 시간2』, 세그루
김정아(2019) 〈중국인이 좋아하는 숫자, 싫어하는 숫자〉, 디지털조선
벅승찬(2018) 〈중국 선물 문화와 비즈니스〉, 한국무역신문
정지형(2012) 『중국 소비자 패턴의 변화와 시사점』, 제주발전포럼, 제41호
홍성화(2019) 〈중국의 신세대(바링허우, 쥬링허우)와 제주관광〉, 제주일보
임성수(2017) 〈China Culture⑥〉, 인터넷월요신문
박성래(2013) 〈다양한 '니즈'를 디자인하라〉, 이슈메이커
안갑성(2018) 〈"스토리에서 시스템으로" 지금 브랜드는 고객경험 확보 전쟁〉, 매일경제
제이앤브랜드 홈페이지 나이키 소호
http://jnbrand.co.kr, branding soho review
윤세남 · 김화연(2017) 『SMAT 서비스경영자격 Module B』, 박문각
차현수 · 황혜미(2017) 〈서비스경영능력시험 SMAT 모듈B〉, 영진닷컴
박두환 외(2016) 〈Sales Communication Skill 12〉, 정인출판
미래한국(2015) 〈한자리에서 보는 샤넬, 향수의 역사〉, 2015.5.4
정민구(2007) 〈세계의 명품, 명품의 세계 ①샤넬〉, Economy Chosun
웨딩21뉴스(2016) 〈불가리 '세르펜티 아이즈 온 미' 컬렉션 선보여〉
고은주(2009) 『럭셔리 브랜드 마케팅』, 예경
윤형래(2013) 〈주얼리 브랜드 스토리〉, 웨딩21뉴스
정민구(2007) 〈CHANEL 20C 여성 패션의 정신〉, 이코노미 조선
김기홍(2013) 『명품브랜드 마케팅』, 대왕사
안상희(2013) 〈[Style/Beauty] 디올〉, 조선비즈
에스티 로더 〈네이버백과〉, 세계 브랜드 백과
https://www.cliniquekorea.co.kr
https://www.lancome.co.kr
윤경희(2016) 〈화장품 속 숨은 이야기-'프렌치 뷰티' 형상화한 '랑콤 로즈'〉, 중앙일보
http://www.wedding21news.co.kr
https://www.yslbeautykr.com
Yves Saint Laurent 〈위키백과〉
https://www.jomalone.co.kr
https://kr.louisvuitton.com
김서나(2019) 〈세계의 명품 스토리_루이비통〉, 오피니언뉴스

이하림(2015) 〈명품 구찌, 위기를 기회로 바꾼 역발상〉, 스페셜경제
영수(2013) 『면세이야기』, 미래의 창
한국관광공사(2017) 〈한국관광품질인증 서비스매뉴얼〉
한국산업안전보건공단 https://www.kosha.or.kr/kosha/index.do
NCS국가직무능력표준
www.bulgari.com
www.tiffany.kr
www.chanel.com
http://www.gucci.com
네이버 지식백과 GUCCI
https://www.kgc.co.kr
http://www.sungjoogroup.com
https://kr.mcmworldwide.com/ko_KR/home
https://www.apgroup.com
https://www.sulwhasoo.com
http://www.whoo.co.kr

사진 출처

I. 면세점의 개요

Chapter 2 국내 면세점 현황

사진 2-1   https://news.mt.co.kr/mtview.php?no=2019103118162437902

Chapter 3 면세점 직원이 알아야 할 법규

사진 3-2   http://www.jejunews.com/news/articleView.html?idxno=2146463
　　　　　http://www.seogwipo.co.kr/news/articleView.html?idxno=118272

II. 고객서비스 실무

Chapter 2 서비스맨의 역할

사진 2-1 http://www.sisajournal.com/news/articleView.html?idxno=119912

사진 2-2 https://www.pexels.com/ko-kr/search/NIKE

Chapter 8 브랜드별 상품지식

사진 8-1~9 www.cartier.co.kr 자료 제공/까르띠에

사진 8-10 https://www.gettyimagesbank.com

사진 8-11 https://www.gettyimagesbank.com

사진 8-12 https://www.pexels.com/ko-kr/photo/6062560/

사진 8-13 https://www.dior.com/ko_kr

사진 8-14 https://terms.naver.com/entry.nhn?docId=2077135&cid=43168&categoryId=43168

사진 8-15 https://www.cliniquekorea.co.kr

사진 8-16 https://www.lancome.co.kr

사진 8-17 https://www.yslbeautykr.com

사진 8-18 https://www.jomalone.co.kr

사진 8-19 https://www.gettyimagesbank.com

사진 8-20 https://www.gettyimagesbank.com

사진 8-21 https://www.gettyimagesbank.com

사진 8-24 https://www.kgc.co.kr

사진 8-25 https://www.apgroup.com

사진 8-26 https://www.whoo.co.kr

Chapter 9 면세점 쇼핑고객을 위한 이문화 이해

사진 9-1 https://m.chosun.com/svc/article.html?sname=premium&contid=2014121803273

사진 9-2 https://sports.hankooki.com/1page/moresports/20180203070007145210.html

사진 9-3 https://news.joins.com/article/18536370

저자 소개

한선희

- (주)월드인재개발원(기업 교육 & 컨설팅) 대표
- 보보코리아(면세점 브랜드 에이전트) 대표
- 경기대학교 서비스경영전문대학원 서비스경영전공
- 경기대학교 관광전문대학원 축제문화정책 최고위과정
- 국가기술표준원 KS인증 심사원보(서비스)
- NCS기반 능력중심 채용 면접관
- 청운대학교(인천) 항공서비스경영학과 외래교수 역임
- 연성대학교 관광중국어학과 외래교수 역임
- 동남보건대학교, 숭의여자대학교, 국제대학교, 호서대학교 등 강의
- 한국면세점협회 면세점 교육 전문강사
- 한국축제포럼 전문위원
- 前 (주)호텔롯데 롯데면세점 영업, 판촉 20년 근무

〈교육과정 개발 및 운영〉
- 「관광 & 면세점 서비스 전문인력 양성과정」 대학연계 맞춤형 인력양성
- 「대학생 면세점 진로 캠프」 대학교 연계
- 「청년 면세점 취업아카데미」 지역맞춤형 일자리창출 지원
- 「글로벌 명품 세일즈 전문가 양성과정」 월드인재개발원 주관
- 「면세점 서비스 전문인력 양성과정」 한국표준협회 공동주최
- 「면세점 직원의 서비스 & 세일즈 교육」 한국면세점협회 주관
- 「면세점 고객응대서비스 교육」 서울, 부산, 제주 시내 및 공항면세점 직원
- 「면세점 Open 대비 고객서비스 실무」 SM면세점, 엔타스면세점 오픈교육
- 「명품 시계, 보석, 화장품, 패션 브랜드 서비스솔루션」 모니터링 및 CS교육
- 「영업사원 CS리더 양성과정」 기업 연계

〈강의 분야〉
- 면세점 특화 역량교육, 서비스기업 전문역량교육, 글로벌 명품 세일즈교육
- 서비스경영, 서비스코칭, 서비스마케팅, CS리더십, 서비스세일즈, CS리더 양성
- 서비스 커뮤니케이션, 퍼실리테이션, 고객경험관리, 해외명품브랜드 이해
- 축제 및 관광서비스 전략

〈대표 논문〉
- 「면세점의 내부마케팅이 서비스몰입과 고객지향성에 미치는 영향」

감수   한국면세점협회 / 보세판매장 보세업무 매뉴얼

저자와의
합의하에
인지첩부
생략

면세점 서비스 실무

2021년 1월 15일 초 판 1쇄 발행
2023년 10월 10일 제2판 1쇄 발행

지은이 한선희
펴낸이 진욱상
펴낸곳 (주)백산출판사
교 정 박시내
본문디자인 오행복
표지디자인 오정은

등 록 2017년 5월 29일 제406-2017-000058호
주 소 경기도 파주시 회동길 370(백산빌딩 3층)
전 화 02-914-1621(代)
팩 스 031-955-9911
이메일 edit@ibaeksan.kr
홈페이지 www.ibaeksan.kr

ISBN 979-11-6567-723-7 13980
값 29,000원